"十三五"应用型本科院校系列教材/土木工程类

U0223173

主 编 于 冰 盖晓连
副主编 李化东 李 昕

土木工程CAD

Civil Engineering CAD

哈尔滨工业大学出版社

内容简介

依据最新建筑设计规范、采纳众多工程师的建议,基于 AutoCAD 的各种版本,本书以 AutoCAD 2010 版本为主,通过大量通俗易懂的实例,全面而详细地介绍了 AutoCAD 在土木工程中的应用。全书共分 10 章,每章都有内容提要和习题,内容全面,叙述严谨,严格按照 CAD 制图国家标准介绍各种基本设置,通过精心设计的实例,使读者在实际操作中真正掌握每个命令,全面系统地学习 CAD,引导读者逐步掌握用 AutoCAD 2010 绘制建筑施工图、道路工程图、桥梁工程图、土木工程类各专业图的方法和技巧。

本书可作为高等学校土木工程(建筑工程、道路与桥梁、岩土工程等)、建筑环境与设备工程、建筑工程管理、给排水工程和交通工程等专业的应用型本科教材,也可供相关专业的工程技术人员参考。

图书在版编目(CIP)数据

土木工程 CAD/于冰,盖晓连主编. —哈尔滨:哈尔滨工业大学出版社,2012.8(2022.1 重印)
ISBN 978 – 7 – 5603 – 3697 – 8

Ⅰ.①土… Ⅱ.①于… ②盖… Ⅲ.①土木工程-建筑制图-计算机制图-AutoCAD 软件-高等学校-教材 Ⅳ.①TU204-39

中国版本图书馆 CIP 数据核字(2012)第 167415 号

策划编辑　杜　燕
责任编辑　范业婷
出版发行　哈尔滨工业大学出版社
社　　址　哈尔滨市南岗区复华四道街 10 号　邮编 150006
传　　真　0451-86414749
网　　址　http://hitpress.hit.edu.cn
印　　刷　哈尔滨久利印刷有限公司
开　　本　787mm×1092mm　1/16　印张 13.75　字数 342 千字
版　　次　2012 年 8 月第 1 版　2022 年 1 月第 5 次印刷
书　　号　ISBN 978 – 7 – 5603 – 3697 – 8
定　　价　32.80 元

(如因印装质量问题影响阅读,我社负责调换)

《“十三五”应用型本科院校系列教材》编委会

序

哈尔滨工业大学出版社策划的《"十三五"应用型本科院校系列教材》即将付梓，诚可贺也。

该系列教材卷帙浩繁，凡百余种，涉及众多学科门类，定位准确，内容新颖，体系完整，实用性强，突出实践能力培养。不仅便于教师教学和学生学习，而且满足就业市场对应用型人才的迫切需求。

应用型本科院校的人才培养目标是面对现代社会生产、建设、管理、服务等一线岗位，培养能直接从事实际工作、解决具体问题、维持工作有效运行的高等应用型人才。应用型本科与研究型本科和高职高专院校在人才培养上有着明显的区别，其培养的人才特征是：①就业导向与社会需求高度吻合；②扎实的理论基础和过硬的实践能力紧密结合；③具备良好的人文素质和科学技术素质；④富于面对职业应用的创新精神。因此，应用型本科院校只有着力培养"进入角色快、业务水平高、动手能力强、综合素质好"的人才，才能在激烈的就业市场竞争中站稳脚跟。

目前国内应用型本科院校所采用的教材往往只是对理论性较强的本科院校教材的简单删减，针对性、应用性不够突出，因材施教的目的难以达到。因此亟须既有一定的理论深度又注重实践能力培养的系列教材，以满足应用型本科院校教学目标、培养方向和办学特色的需要。

哈尔滨工业大学出版社出版的《"十三五"应用型本科院校系列教材》，在选题设计思路上认真贯彻教育部关于培养适应地方、区域经济和社会发展需要的"本科应用型高级专门人才"精神，根据黑龙江省委书记吉炳轩同志提出的关于加强应用型本科院校建设的意见，在应用型本科试点院校成功经验总结的基础上，特邀请黑龙江省9所知名的应用型本科院校的专家、学者联合编写。

本系列教材突出与办学定位、教学目标的一致性和适应性，既严格遵照学科体系的知识构成和教材编写的一般规律，又针对应用型本科人才培养目标及与之相适应的教学特点,精心设计写作体例,科学安排知识内容,围绕应用讲授理论,做到"基础知识够用、实践技能实用、专业理论管用"。同时注意适当融入新理论、新技术、新工艺、新成果,并且制作了与本书配套的PPT多媒体教学课件,形成立体化教材,供教师参考使用。

《"十三五"应用型本科院校系列教材》的编辑出版,是适应"科教兴国"战略对复合型、应用型人才的需求,是推动相对滞后的应用型本科院校教材建设的一种有益尝试,在应用型创新人才培养方面是一件具有开创意义的工作,为应用型人才的培养提供了及时、可靠、坚实的保证。

希望本系列教材在使用过程中,通过编者、作者和读者的共同努力,厚积薄发、推陈出新、细上加细、精益求精,不断丰富、不断完善、不断创新,力争成为同类教材中的精品。

黑龙江省教育厅厅长

前　言

　　土木工程 CAD 在我国建筑工程设计领域已经占据了主导地位，有深远的影响力，是土木工程类专业学生的必修课。

　　为使学生掌握 CAD 实用基本技能，熟练地运用 CAD 软件，增强设计技能，适应社会发展，本书结合近年来计算机在土木工程中的应用，参考国内外同类教材，总结全体参编人员的教学经验，并融入多年的教学改革成果编写而成。依据最新建筑设计规范、采纳众多工程师的建议，基于 AutoCAD 的各种版本，本书以 AutoCAD 2010 版本为主，通过大量通俗易懂的实例，全面而详细地介绍了 AutoCAD 在土木工程中的应用。全书共分 10 章，每章都有内容提要和习题，内容全面，叙述严谨，严格按照 CAD 制图国家标准介绍各种基本设置，以生动简洁的语言，由浅入深、循序渐进的方式，通过精心设计的实例，使读者在实际操作中真正掌握每个命令，全面系统地学习 CAD，引导读者逐步掌握用 Auto-CAD2010 绘制建筑施工图、道路工程图、桥梁工程图、土木工程类各专业图的方法和技巧。通过本书的学习，读者能独立地绘制出土木工程类各专业的施工图。

　　本书可作为高等学校土木工程(建筑工程、道路与桥梁、岩土工程等)、建筑环境与设备工程、建筑工程管理、给排水工程和交通工程等专业的应用型本科教材，也可供相关专业的工程技术人员参考，以及对土木工程 CAD 软件感兴趣的读者，只要具有一定的计算机知识，都可利用本书来学习掌握土木工程 CAD。

　　全书由于冰、盖晓连任主编，李化东、李昕任副主编。本书第 3 章、第 9 章、第 10 章由哈尔滨石油学院于冰编写并负责全书统稿，第 1 章、第 7 章、第 8 章由哈尔滨石油学院盖晓连编写，第 4 章由长春建筑学院李化东编写，第 2 章由黑龙江工程学院李昕编写，第 5 章、第 6 章由哈尔滨石油学院赵婧瑜编写。

　　本书在编写过程中得到了哈尔滨石油学院、黑龙江工程学院、长春建筑学院、东方学院等院校老师的支持和帮助，在此表示深深谢意！书中引用了一些文献中的内容及图片，在此向原著者深表谢意！

　　由于编写水平有限，书中难免有疏漏和不妥之处，敬请读者批评指正。

编者

2012 年 5 月

目　录

第一篇　基础篇

第二篇　建筑工程篇

第一篇　基础篇

第 *1* 章

AutoCAD 2010 概述

【内容提要】本章主要介绍 AutoCAD 2010 工作界面、系统配置及功能键等内容。

【学习目标】要求掌握 AutoCAD 2010 的安装，在绘制图形过程中能够熟悉工作界面各功能，重点掌握基本功能、基本操作在实际绘图过程中的应用。

图形是表达和交流思想的重要工具，随着计算机科学技术的不断发展，绘图工作早已由传统的手工绘图转换为计算机辅助绘图，利用计算机辅助绘图是当今工程设计人员必须掌握的基本技术，而 AutoCAD 就是专门为计算机辅助绘图开发的设计软件。使用该软件不仅能够将设计方案用规范、美观的图纸表达出来，而且能有效地帮助设计人员提高设计水平及工作效率。

AutoCAD 是由美国 Autodesk 公司开发的绘图软件包，具有易于掌握、使用方便、体系结构开放等特点，深受广大工程技术人员的欢迎。自美国 Autodesk 公司于 1982 年 12 月发布 AutoCAD 的第一个版本——AutoCAD 1.0 起，经过不断的改进和完善，经历了近 20 次的版本升级，其功能逐渐强大，日趋完善。在中国，AutoCAD 已成为工程设计领域应用最为广泛的现代化计算机辅助绘图工具。

1.1 AutoCAD 2010 的安装与启动

随着时间的推移和软件的不断完善，AutoCAD 已由原先的侧重于二维绘图技术为主，发展到二维、三维绘图技术兼备，并且具有网上设计的多功能 CAD 软件系统。本章介绍 AutoCAD 2010 的主要特点及基本操作。

1.1.1 AutoCAD 2010 系统所需的软硬件配置

在安装 AutoCAD 2010 软件之前，必须了解所用计算机的配置是否能够满足安装此软件版本的最低要求。因为随着软件的不断升级，软件的总体结构在不断膨胀，其中有些新增功能对硬件要求也在不断增加。只有满足了软件的最低配置要求，计算机才能顺利地安装和运行该软件。

AutoCAD 2010 对计算机的配置要求如下：

1. 操作系统

可以使用 Microsoft Windows XP Professional 或更高版本,在安装时建议使用与 AutoCAD 2010 语言的代码页面相匹配的用户界面语言操作系统。

2. 处理器

使用 Intel Pentium 4 以上的 CPU,或者主频更快的处理器。

3. Web 浏览器

Microsoft Internet Explorer 7.0 或更高版本,如果打算使用 Internet 工具,就必须使用上述网络浏览器。

4. 内存(RAM)

需要 512 MB 以上内存。

5. 硬盘

建议磁盘空间不小于 1 GB。

1.1.2 AutoCAD 2010 的安装

AutoCAD 2010 软件包以光盘形式提供,将 AutoCAD 2010 安装盘放入 CD-ROM 后,显示有名为 SETUP. EXE 的安装文件。双击 SETUP. EXE 图标可自动执行此文件,首先弹出如图 1.1 所示的安装向导主界面。

图 1.1　安装向导主界面

单击"安装产品"项,AutoCAD 安装向导开始安装操作,并依次显示各安装页,用户可根据提示在各安装页上进行相应设置。

通过安装页完成各项安装设置后,会显示出如图 1.2 所示的安装界面,并开始安装软件,直至软件安装完毕,全部安装过程根据计算机运行速度不同需 5～10 min。

成功安装 AutoCAD 2010 后,还需进行产品注册,如图 1.3 所示。

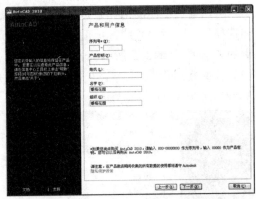

图 1.2　安装界面　　　　　　　　　　图 1.3　产品注册界面

1.1.3　AutoCAD 2010 的启动

在全部安装过程完成后，AutoCAD 2010 程序成功地安装在用户的计算机上。可以通过以下几种方式启动 AutoCAD 2010：

（1）桌面快捷方式图标：成功安装 AutoCAD 2010 后，系统会自动在 Windows 桌面上生成对应的快捷方式图标，双击该快捷方式图标即可启动 AutoCAD 2010。

（2）"开始"菜单：依次单击"开始"→"所有程序"→"Autodesk"→"AutoCAD 2010 Simplified"→"AutoCAD 2010"命令，可以启动 AutoCAD 2010 程序。

（3）通过 Windows 资源管理器找到安装 AutoCAD 2010 的文件夹后，双击启动，AutoCAD 2010。

第一次启动 AutoCAD 2010 会弹出"AutoCAD 2010-初始设置"对话框，如图 1.4 所示。

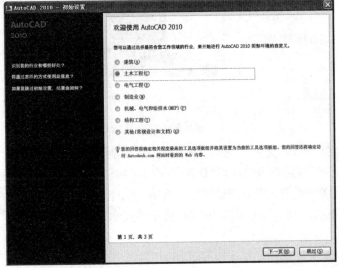

图 1.4　"初始设置"对话框

　　可以通过不同的选择来进入不同的绘图环境,单击"跳过"按钮可以忽略这一设置。如选择"土木工程(C)"选项后,单击"下一页"按钮。根据需要选择"优化您的默认空间"中的各选项,如图 1.5 所示。选定后继续单击"下一页"按钮,设置"指定图形样板文件"中的各参数,如图 1.6 所示。全部设置完成后,单击"启动 AutoCAD 2010(s)"按钮,进入 AutoCAD 2010 的工作界面。

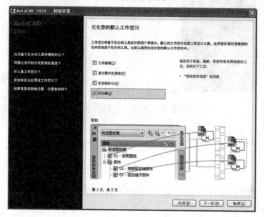 

图 1.5　"优化默认空间"对话框　　　　　图 1.6　"指定图形样板文件"对话框

　　启动 AutoCAD 2010 后,系统会自动打开"新功能专题研习"对话框,如图 1.7 所示。

图 1.7　"新功能专题研习"对话框

　　该对话框包括一系列交互式动画演示、教程和功能说明,可以帮助用户了解新功能。单击"是"单选按钮,可以查看 AutoCAD 2010 有哪些新的功能及使用方法;单击"以后再说"单选按钮,将关闭此界面进入工作状态;选中"不,不再显示此消息"单选按钮,将进入工作界面,并且下次启动 AutoCAD 2010 时,将不再显示"新功能专题研习"界面。

1.2 AutoCAD 2010 的工作界面

AutoCAD 2010 为用户提供了"二维草图与注释"、"三维建模"和"AutoCAD 经典"3 种工作空间。要在 3 个工作空间进行切换,可以单击状态栏上的"切换工作空间"按钮,AutoCAD 将弹出对应的菜单,如图 1.8 所示,用户从中选择对应的绘图工作空间即可。

为了使新用户能够快速适应 AutoCAD 2010 的绘图环境,本书以"AutoCAD 经典"界面为例进行介绍,如图 1.9 所示。

图 1.8 "切换工作空间"弹出菜单

AutoCAD 2010 的经典工作界面由标题栏、菜单栏、多个工具栏、绘图窗口、命令窗口、状态栏、菜单浏览器等部分组成,下面简要介绍各自的功能。

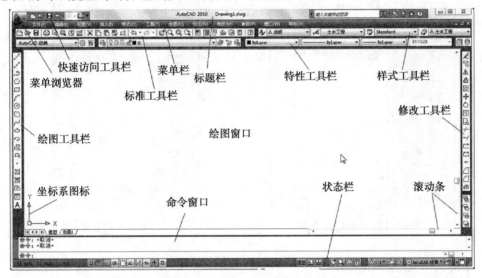

图 1.9 AutoCAD 经典工作界面

1.2.1 标 题 栏

标题栏位于工作界面的最上方,如图 1.10 所示,显示 AutoCAD 2010 的程序图标、名称、当前所操作图形文件的名称,如果是 AutoCAD 默认图形文件,其名称为 Drawing N.dwg。N 为数字,$N=1,2,3,\cdots$ 表示第 N 个默认图形文件。与一般 Windows 应用程序类似,利用位于标题栏右边的三个小按钮,实现窗口的最小、最大化还原以及关闭操作。

图 1.10 标题栏

1.2.2 菜单浏览器和快速访问工具栏

"菜单浏览器"按钮 位于界面左上角。单击该按钮,系统弹出 AutoCAD 菜单,如图 1.11 所示,其中包含 AutoCAD 的功能和命令,选择命令后即可执行相应操作。

AutoCAD 2010 的快速访问工具栏中包含最常用的快捷按钮,在默认状态中,快速访问工具栏包含 6 个快捷按钮,它们分别为"新建" 、"打开" 、"保存" 、"放弃" 、"重做" 和"打印" 。

如果想在快速访问工具栏中添加或删除按钮,可以右击快速访问工具栏,在弹出的快捷菜单中选择"自定义快速访问工具栏"命令,在弹出的"自定义用户界面"对话框中进行设置即可,如图 1.12 所示。

图 1.11 AutoCAD 菜单

图 1.12 "自定义用户界面"对话框

1.2.3 菜 单 栏

菜单栏是 AutoCAD 2010 的主菜单。利用菜单能够执行 AutoCAD 的大部分命令。单击菜单栏中的某一项,可以打开对应的下拉菜单。图 1.13 所示为 AutoCAD 2010 的"格式"下拉菜单,该菜单用于设置所绘图形的各项格式操作。

在使用下拉菜单时应注意以下几个问题:

(1)右单击没有任何标识的菜单项,会直接执行对应的 AutoCAD 命令。

(2)右单击有符号" "的菜单项,表示该命令下还有子命令。图 1.13 显示的是"图层工具"命令下的子命令。

(3)右单击有符号"..."的菜单项,将显示出一个对话框,如单击图 1.13 所示"格式"菜单中的"文字样式"项,会显示出图 1.14 所示的"文字样式"对话框,该对话框用于进行所绘图形中出现的文字样式的设置。

(4)呈浅灰色状态命令,表示在当前操作状态下,该命令为不可执行,如图 1.13 中的

"打印样式"选项。

（5）右单击后如某命令后面有快捷键，如图 1.13 中的颜色（C）选项，表示按下快捷键亦可执行颜色命令。

AutoCAD 2010 还提供快捷菜单，用于快速执行 AutoCAD 的常用操作。在绘图窗口右单击鼠标打开快捷菜单，如图 1.15 所示。当前的操作不同或光标所处的位置不同时，右单击后打开的快捷菜单选项亦不同。

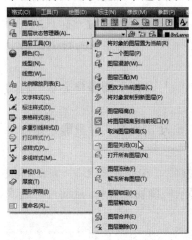

图 1.13　"格式"下拉菜单

图 1.14　"文字样式"对话框

图 1.15　快捷菜单

1.2.4　工 具 栏

工具栏是应用程序调用命令的另一种方式，它包含许多由图标表示的命令按钮。AutoCAD 2010 提供了 40 余个已命名的工具栏。根据需要，这些工具栏可以定制，设定为固定或浮动状态，图 1.16 所显示的是浮动状态下的"标准工具栏"。

图 1.16　标准工具栏

单击工具栏上的某一按钮可以启动对应的 AutoCAD 命令。用户可以根据需要打开或关闭任一工具栏，其操作方法是在已有的工具栏上单击鼠标右键，AutoCAD 弹出列有工具栏目录的快捷菜单。通过在此快捷菜单中选择，一般可以关闭某一工具栏。在快捷菜单中，前面有"√"的菜单项表示已打开了对应的工具栏。

AutoCAD 的工具栏是浮动的，用户可以将各工具栏拖放到工作界面的任意位置。由于用计算机绘图时的绘图区域有限，当绘图时可根据需要只打开当前要使用的或常用的工具栏（如标注尺寸时打开"标注"工具栏），并将其放到绘图窗口的适当位置。

1.2.5　状 态 栏

状态栏位于 AutoCAD 工作界面的最底部，用于显示或设置当前的绘图状态，如当前的坐标、状态和功能按钮的帮助说明等，如图 1.17 所示。单击某一按钮实现启用或关闭对应功能的切换,按钮为蓝色时表示启用对应的功能,为灰色时表示关闭该功能。

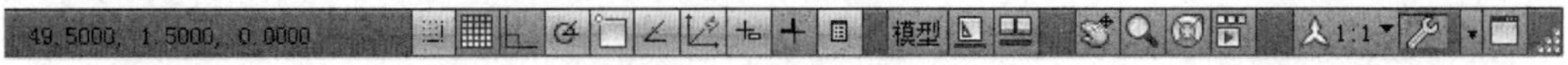

图 1.17　状态栏

状态栏中最左边的 3 个数值从左至右分别是十字光标所在 X、Y、Z 轴的坐标数据。如果 Z 轴数值为 0,说明当前正在绘制二维平面图形。现将状态栏中各主要按钮的含义做如下释义:

(1)捕捉模式 ▦:单击该按钮,打开或关闭捕捉设置。启动捕捉模式时光标只能在 X 轴、Y 轴或极轴方向移动固定的距离。捕捉模式可以使光标很容易地抓取到每个栅格上的点。

(2)栅格模式 ▦:栅格即图幅的显示范围。单击该按钮,打开或关闭栅格显示。启动栅格模式时屏幕上布满小点。

(3)正交模式 ⌐:单击该按钮,打开或关闭正交模式。启动正交模式时只能绘制水平或垂直直线。

(4)极轴追踪 ⌖:单击该按钮,打开或关闭极轴追踪模式。在绘制图形时,系统将根据设置显示出一条追踪线,用户可以在该追踪线上根据提示精确移动光标,从而进行精确的绘图。

(5)对象捕捉 ☐:单击该按钮,打开或关闭对象捕捉模式。因为所有的几何对象都有一些决定其形状和方位的关键点,所以在绘图时用户可以利用对象捕捉功能,自动捕捉这些关键点进行精确的绘图。

(6)对象捕捉追踪 ∠:单击该按钮,打开或关闭对象追踪模式。可以通过捕捉对象上的关键点,并沿正交方向或极轴方向拖动光标,此时可以显示光标当前位置与捕捉点之间的相对关系,若找到符合要求的点,直接单击即可。

(7)动态 UCS ⌐:单击该按钮,可以允许或禁止动态 UCS(用户坐标系)。

(8)动态输入 ⊢:单击该按钮,将在绘制图形时自动显示动态输入文本框,方便用户在绘图时设置精确数值。

(9)线宽 ╋:单击该按钮,打开或关闭线宽显示。在绘图时,如果为图层及绘制的图形设置了不同的线宽,打开该按钮,可以在屏幕上显示线宽,以标识各种具有不同线宽的对象。

(10)模型 [模型]:单击该按钮,可以在模型空间和图纸空间之间切换。

(11)快速查看布局 ⊡:将当前图形的模型空间与布局显示为一行快速查看布局图像。可以在快速查看布局图像上单击鼠标右键查看布局选项。

(12)快速查看图形 ⊡:将所有当前打开的图形显示为一行快速查看图形图像。将光标悬停在快速查看图形图像上时,还可以预览打开图形的模型空间与布局,并在其间进行切换。

(13)平移 ✋:平移绘图区的图形。

(14)缩放 🔍:用于放大或缩小绘图区的图形。

(15)注释比例 ⚖ 1:1▾:单击该按钮可更改可注释对象的注释比例。

(16)注释可见性 :单击该按钮可设置仅显示当前比例的可注释对象或显示所有比例的可注释对象。

(17)自动缩放 :单击该按钮,在设置注释比例更改时可以自动将比例添加至可注释对象。

(18)切换工作空间 :单击该按钮,可以在 AutoCAD 的"二维草图与注释"、"三维建模"和"AutoCAD 经典"3 种工作空间之间进行切换。

(19)锁定窗口 :单击该图标,将弹出一个快捷菜单,用于控制是否锁定工具栏和窗口的位置。

(20)全屏显示 :单击该按钮,可以清除 AutoCAD 窗口中的工具栏等界面元素,使 AutoCAD 的绘图窗口全屏显示。

1.2.6　命令窗口

命令行位于绘图区的下方,是用户输入命令和显示命令提示信息的区域。命令提示行默认设置是 3 行。把鼠标指针放在命令窗口上边线处,可以根据需要拖动鼠标来增加或减少提示的行数。在 AutoCAD 2010 中,还可以把鼠标指针放在命令窗口左边的双线处,通过鼠标的按下、拖动、放开来改变命令窗口的位置,将命令行拖放为浮动窗口,如图 1.18 所示。双击"命令行"窗口的标题栏可以使其回到原来的位置。

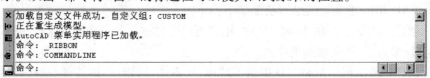

图 1.18　"命令行"窗口

用户可以隐藏命令行窗口,具体做法为:单击菜单栏中的"工具"→"命令行",弹出"命令行-关闭窗口"对话框,选择"是"即可隐藏命令行窗口。隐藏后,如果有需要可以通过上述方法再次显示出命令行窗口。

在使用命令行窗口时应注意以下几点:

(1)在命令行中输入命令或数值后,可以按 Enter 键或空格键进行确认。

(2)若想结束命令可以按 Enter 键、空格键或 Esc 键。

(3)若想重复执行上一次的命令,可以通过按 Enter 键或空格键。

(4)在命令行中输入命令时,不必区分大小写字母,不影响执行命令的结果。

(5)执行命令过程中,可以通过单击右键,在弹出的菜单中选择"确定"、"取消"项以确定或取消当前的操作。

1.2.7　绘图窗口

绘图窗口类似于手工绘图时的图纸,是绘图的工作区域,所有的绘图结果都反映在这个窗口中。把鼠标移动到绘图区时,鼠标变成十字形状,可用鼠标直接在绘图窗口中定位。用户可以根据需要关闭其周围的各个工具栏,以增加绘图空间。如果图样较大,需要查看未显示部分时,可以单击窗口右边与下边滚动条上的箭头,或拖动滚动条上的滑块来移动图样。在绘图窗口的左下角有一个用户坐标系的图标,它表明当前使用的坐标系类型及坐标原点、X、Y、Z 轴的方向等。默认情况下,坐标系为世界坐标系(WCS)。

绘图窗口的下方有"模型"和"布局"选项卡,单击它们可以在模型空间和图纸空间之间来回切换。

1.2.8 坐标系图标

坐标系图标用于表示当前绘图所使用的坐标系形式以及坐标方向等。AutoCAD 提供了世界坐标系(World Coordinate System,WCS)和用户坐标系(User Coordinate System,UCS)两种坐标系。AutoCAD 2010 的默认坐标系为世界坐标系,且默认时水平向右方向为 X 轴正方向,垂直向上方向为 Y 轴正方向。

1.3 AutoCAD 2010 基本功能

AutoCAD 软件具有丰富的功能,利用 AutoCAD 可以完成多种形式的设计和绘图工作,因而深受广大工程技术人员的欢迎。

1.3.1 绘图功能

AutoCAD 2010 中文版的绘图功能如下:

(1)创建二维图形。在 AutoCAD 中,用户可以通过输入命令来完成直线、多段线、圆、椭圆、矩形、多边形、样条曲线的绘制。

(2)创建三维图形。AutoCAD 提供了球体、立方体、圆锥体、圆柱体、圆环体等多种基本实体的绘制命令。利用拉伸、旋转、布尔运算等功能来改变其形状。

(3)创建线框模型。AutoCAD 可以通过三维坐标创建实体对象的线框模型。创建曲面模型。AutoCAD 提供的创建曲面模型的方法有旋转曲面、平移曲面、直纹曲面、边界曲面、三维曲面等。

1.3.2 编辑功能

AutoCAD 2010 具有强大的图形编辑功能,用户可以用多种方式对选定的图形对象进行编辑。例如,对于图形可以采用删除、移动、复制、镜像、旋转、修剪、拉伸、缩放等方法进行修改和编辑。

1.3.3 图形显示功能

AutoCAD 可以使图形上、下、左、右任意移动来对其进行观察,并可以任意调整图形的显示比例,以便观察图形的全部或局部。

对于三维视图,可以改变观察视点,从不同方向观看显示图形,也可以将绘图区域分成多个视口,从而能够在各个视口中以不同方位显示同一图形。此外 AutoCAD 还提供三维动态观察器,利用观察器可以动态地观察三维图形。

1.3.4 图形尺寸标注功能

尺寸标注是向图形中添加测量注释的过程,是整个绘图过程中不可缺少的一步。标注显示了对象的测量值,对象之间的距离、角度、特征及指定原点间的距离。在 AutoCAD 中提供了线型、半径和角度 3 种基本的标注类型,可以进行水平、垂直、对齐、旋转等标注。此外,还可以进行引线标注、公差标注等功能,标注的对象可以是二维图形或三维图形。

选择菜单栏中的"标注"选项卡下各个选项中的常用工具,不仅可以在图形的各个方向上创建各种类型的标注,而且可以方便、快速地以一定格式创建符合各行业或项目标准的标注。

1.3.5 二次开发功能

AutoCAD 自带的 AutoLISP 语言让用户可以自行定义新命令和开发新功能。通过 DXG、LGES 等图形数据接口,可以实现 AutoCAD 和其他系统的集成。

用户还可以利用 AutoCAD 的一些编辑接口如 ObjectARX,使用 VC 和 VB 语言对其进行二次开发。

1.3.6 图形输出与打印

AutoCAD 不仅允许将所绘图形以不同样式通过绘图仪或打印机输出,还能够将不同格式的图形导入 AutoCAD 或将 AutoCAD 图形以其他格式输出,灵活性很强。因此,当图形绘制完成后可以使用多种方法将其输出。

1.4　AutoCAD 2010 基本操作

AutoCAD 是一个易学实用的绘图软件。该软件友好的用户界面以及与 Word 类似的窗口设计,容易使人产生似曾相识的感觉,更易读者学习与记忆,下面简单介绍几种常用的 AutoCAD 2010 基本操作。

1.4.1 输入 AutoCAD 命令

AutoCAD 2010 属于人机交互式软件,即当用 AutoCAD 2010 绘图或进行其他操作时,首先要向 AutoCAD 发出命令,告诉 AutoCAD 你要干什么。一般情况下,可以通过以下几种方式输入 AutoCAD 命令。

1. 使用鼠标执行命令

在默认情况下,光标处于标准模式(呈十字交叉线形状),十字交叉线的交叉点是光标的实际位置。当光标移至菜单选项、工具与对话框内时,它会变成一个箭头。无论光标是十字形式还是箭头形式,当单击或者按动鼠标键时,都会执行相应的命令或动作。AutoCAD 中鼠标键的功能见表 1.1。

表 1.1　鼠标键功能表

鼠标键	操作方法	作用
左键	单击	拾取
	双击	进入对象特性修改对话框
右键	在绘图区单击	快捷菜单或者相当于 Enter 键功能
	Shift+单击	对象捕捉快捷菜单
	在工具栏中单击	快捷菜单
中间滚轮	滚动向前或向后	实时缩放
	按住不放并拖拽	实时平移
	Shift+按住不放并拖拽	垂直或水平的实时平移
	按住不放并拖拽	随意式实时平移
	双击	缩放成实际范围

2. 使用键盘输入命令

在 AutoCAD 中,大部分的绘图、编辑功能都需要通过键盘输入来完成。用户通过键盘输入命令和系统变量。此外,键盘还是输入文本对象、数值参数、点的坐标和进行参数选择的唯一方法。

当命令窗口中的当前行提示为"命令:"时,表示当前处于命令接收状态。此时,通过键盘输入某一命令(AutoCAD 命令不区分大小写)后按 Enter 或空格键,即可启动对应的命令,而后 AutoCAD 会给出提示或弹出对话框,要求用户执行对应的后续操作。在命令行中,可以使用 Backspace 或 Delete 键删除命令行中的文字。在命令行窗口中单击鼠标右键,系统将显示一个快捷菜单,如图 1.19 所示,通过该菜单可以选择最近使用过的 6 个命令、复制选定的文字或全部命令的历史记录等。

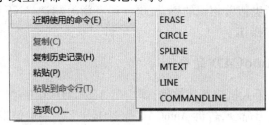

图 1.19　"命令行"快捷菜单

当采用这种方式执行 AutoCAD 命令时,需要用户记住 AutoCAD 的各种命令,利用 AutoCAD 2010 的帮助功能,可以浏览 AutoCAD 2010 的全部命令及功能。

(1)使用菜单执行命令。单击下拉菜单或菜单浏览器中的菜单项,可以执行对应的 AutoCAD 命令。

(2)使用工具栏执行命令。单击工具栏上的按钮,可以执行对应的 AutoCAD 命令。

(3)使用透明命令。在 AutoCAD 中,有些命令可以在其他命令已被激活的情况下使用,这样的命令称为透明命令。许多命令和系统变量都可以穿插使用透明命令,这对编辑和修改图形特别方便。例如,用户在绘制直线时,希望移动视图,这时可以透明地激活 pan 命令,即在输入的透明命令前输入单引号或单击工具栏命令图标,完成透明命令后,将继续执行绘制直线命令。

常使用的透明命令多为修改图形设置的命令和绘图辅助工具命令,例如 pan、snap、grid、zoom 等。命令行中透明命令的提示前有"＞＞"作为标记。

1.4.2　命令的重复、终止与撤销

在 AutoCAD 中,可以方便地重复执行同一条命令,或撤销前面执行的一条或多条命令。此外,撤销前面执行的命令后,还可以通过重做来恢复前面执行的命令。

1. 重复命令

可以使用多种方法来重复执行 AutoCAD 命令。

如要重复执行上一个命令,按 Enter 键或空格键是最简便的方法,也可以在绘图区域中单击鼠标右键,从弹出的快捷菜单中选择"重复"命令。

要重复执行最近使用的 6 个命令中的某个命令,用户可以在命令窗口或文本窗口中单击右键,从弹出的快捷菜单中选择"近期使用的命令"子菜单中最近使用过的 6 个命令之一。

要多次重复执行同一个命令,可以在命令提示下输入 multiple 命令,然后在"输入要重复的命令名"提示下输入需要重复执行的命令。这样,系统将重复执行该命令,直到用户按 Esc 键为止。

2. 终止命令

如果要在命令执行过程中结束命令,用户可以按 Esc 键终止执行任何命令。Esc 键是 Windows 程序用于取消操作的标准键。

3. 撤销命令

在绘图过程中,有时会发生错误操作,AutoCAD 2010 允许使用"放弃"命令来取消前面发生的错误操作。最简单的撤销命令的方法就是单击"放弃"按钮来放弃单个操作。

要放弃最近一个或多个操作,也可以在命令提示行中输入 undo 命令,然后再命令行中输入要放弃的操作数目,按下 Enter 键即可执行撤销命令来放弃在绘图过程中最近执行的单个或多个操作。

1.4.3　图形文件管理

在 AutoCAD 2010 的文件菜单中,提供了一些编辑文件所必须的操作命令,即用于建立新的图形文件、打开现有的图形文件、保存或者重命名保存图形文件等。

1. 创建新的图形文件

单击标准工具栏中的"新建"按钮,通过绘图菜单中的"菜单"→"文件"→"新建"、或在命令行输入 qnew 命令、或按下 Ctrl+n 组合键后,系统都将弹出如图 1.20 所示的"选择样板"对话框。可以通过此对话框选择不同的绘图样板,选择好绘图样板后,系统会在对话框的右上角出现预览,然后单击"打开"按钮即可创建出一个新图形文件,也可以单击"打开"按钮下拉菜单中的其他打开方式。

图 1.20 "选择样板"对话框

如果用户不希望使用样板文件来创建文件,可单击图 1.20 中"打开"按钮右侧的下拉按钮,在弹出的下拉菜单中选择"英制"或"公制"选项,以创建新的无样板图形文件。

2. 打开图形文件

单击标准工具栏中的"打开"按钮、或通过绘图菜单中的"菜单"→"文件"→"打开"、或在命令行输入 open 命令、或按下 Ctrl+o 组合键后,系统都将弹出如图 1.21 所示的"选择文件"对话框。在该对话框的文件列表框中,选择需要打开的图形文件,在右侧的"预览"框中将显示出该图形的预览图像。

在对话框中展开"打开"按钮旁边的下拉菜单,其中包括 4 种打开方式供选择。根据需要,单击选择打开方式,单击"打开"按钮,即可打开一个文件图形。默认情况下,打开的图形文件的格式为".dwg"。当以"打开"、"局部打开"方式打开图形时,可以对打开的图形进行编辑,如果以"以只读方式打开"、"以只读方式局部打开"打开图形时,则无法对打开的图形进行编辑。

图 1.21 "选择文件"对话框

3. 打开多个图形

在 AutoCAD 2010 中,当用户需要快速参照其他图形、在图形之间复制和粘贴时,可在单个 AutoCAD 任务中打开多个图形文件,并且可同时对其进行操作,从而提高绘图效率。同时打开多个图形文件的方法是,通过单击"文件"菜单中"打开"按钮,弹出"选择文件"对话框,在选择文件时按住 Shift 或 Ctrl 键,选择多个图形文件后单击"打开"按钮,即可实现多个图形文件同时打开。

打开的多个图形文件,只要在该图形的任意位置单击便可激活它。使用 Ctrl+F6 键或 Ctrl+Tab 键可以在打开的图形之间来回切换。

通过使用"窗口"菜单中的"层叠"、"水平平铺"、"垂直平铺"、"排列图标"命令,可以控制多个图形文件的排列方式。图 1.22 所示是打开多个文件且窗口垂直平铺时的效果。

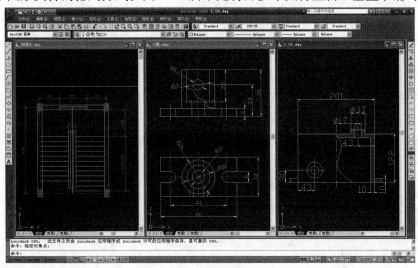

图 1.22　垂直平铺打开多个图形

4. 保存图形文件

单击标准工具栏中的"保存"按钮🖫、或通过绘图菜单中的"菜单"→"文件"→"保存"、或在命令行输入 qsave 命令、或按下 Ctrl+s 组合键后,系统都将弹出如图 1.23 所示的"图形另存为"对话框。

在第一次保存创建的图形时,系统将打开"图形另存为"对话框,在默认情况下,以"AutoCAD 2010 图形(∗.dwg)"格式保存,也可以在如图 1.23 中所示"文件类型"下拉列表框中选择其他格式,如 AutoCAD 2007 图形(∗.dwg)等。

5. 图形文件的加密保护

在 AutoCAD 2010 中,出于对图形文件的安全性考虑,当需要保存加密文件时可以使用密码保护功能,即对指定图形文件执行加密操作,这样在再次打开文件时,必须输入正确的密码才能打开。

选择菜单栏中的"文件"→"另存为"命令,打开"图形另存为"对话框,选择该对话框中的"工具"→"安全选项"命令,即可弹出如图 1.24 所示的"安全选项"对话框。

在"密码"选项卡的"用于打开此图形的密码或短语"文本框中输入密码,然后单击

图 1.23 "图形另存为"对话框

"确定"按钮,打开如图 1.25 所示的"确认密码"对话框,并在"再次输入用于打开此图形的密码"文本框中输入确认密码,即可成功设置用于打开该文件的密码。

为文件设置了密码后,在打开文件时系统将打开"密码"对话框,要求输入正确的密码,否则将无法打开该图形文件,这对于需要保密的图纸非常重要。

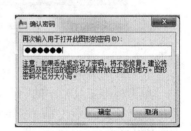

图 1.24 "安全选项"对话框　　　　　图 1.25 "确认密码"对话框

1.4.4 确定点的位置

用户在绘制图形时经常需要制定点的位置,如制定直线的端点、制定圆和圆弧的圆心等。常用的确定点的方法有以下几种。

1. 用鼠标在屏幕上直接拾取点

移动鼠标,使光标移动到对应的位置,一般在状态栏上会动态显示出光标的当前坐标,然后单击鼠标左键即可。

2. 利用对象捕捉方式捕捉特殊点

利用 AutoCAD 2010 提供的对象捕捉功能,可以准确地捕捉到一些特殊点,如圆心、切点、中点、垂足点等。

3. 给定距离确定点

当 AutoCAD 给出提示,要求用户指定某些点的位置时,拖拽鼠标,使 AutoCAD 从已有点动态引出的指引线(又称橡皮筋线)指向要确定的点的方向,然后输入沿该方向相对于前一点的距离值,按 Enter 键或空格键,即可确定出对应的点。

4. 通过键盘输入点的坐标

用户可以直接通过键盘输入点的坐标,且输入时可以采用绝对坐标或相对坐标,而且在每种坐标方式中,又有直角坐标、极坐标、球坐标和柱坐标之分。

1.4.5　绘图窗口与文本窗口的切换

用 AutoCAD 绘图时,有时需要切换到文本窗口来观看有关的文字信息,而有时在执行某一命令后,AutoCAD 会自动切换到文本窗口。利用功能键 F2 可以快速实现绘图窗口与文本窗口之间的切换。

1.5　AutoCAD 2010 的退出

退出 AutoCAD 2010 就是关闭图形文件并退出程序的过程。退出 AutoCAD 2010 有以下 3 种方法:

(1)单击 AutoCAD 2010 操作界面右上角的"关闭"按钮 ⊠。

(2)单击"菜单浏览器" ▲ 按钮,在弹出的菜单中点击"退出 AutoCAD 2010"命令。

(3)通过命令输入方式,在命令行输入 quit 命令后按 Enter 键。

如果软件中有未保存的文件,则在关闭时会弹出"AutoCAD"对话框,单击对话框中的"是"按钮则保存文件,单击"否"按钮则不保存文件,单击"取消"按钮则取消此次退出操作。

1.6　AutoCAD 2010 的帮助系统

AutoCAD 2010 提供了强大的帮助功能,单击工具栏中的"帮助"下拉菜单中的"帮助"项或在绘图过程中直接按功能键 F1 可以打开 AutoCAD 2010 的帮助窗口,以提供联机帮助,"帮助"下拉菜单如图1.26所示。用户可以通过帮助窗口获得各种帮助信息,如 AutoCAD 2010 提供的用户手册、全部命令和系统变量及说明等。用AutoCAD 2010进行绘图时,可以随时查阅相应的帮助。

"帮助"下拉菜单中的"新功能专题研习"项可以引出"新功能专题研习"窗口,利用该窗口可以了解 AutoCAD 2010 的新增功能或增强功能。

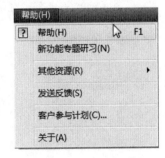

图 1.26　"帮助"下拉菜单

习　题

1. 熟悉 AutoCAD 2010 的工作界面,练习打开、关闭各工具栏以及调整工具栏的位置等操作。

2. AutoCAD 2010 提供了一些实例图形文件,位于 AutoCAD 2010 安装目录下的 Sample 子目录,打开并浏览这些图形,试着将某些图形文件换名另存在相应的目录中。

3. 打开一个 AutoCAD 图形文件,并设置权限密码。

第 2 章

设置绘图环境

【内容提要】本章主要介绍图形环境设置方面的知识,其中包括坐标知识、设置绘图界限、图层特性管理器、对象特性等内容。

【学习目标】要求掌握绘图界限的设置方法,在绘制图形过程中能够熟练运用单位、颜色、线型、线宽、草图设置等功能,重点掌握图层的设置方法及在实际绘图过程中的应用。

2.1 坐标知识

了解 AutoCAD 2010 的坐标系统对学习 CAD 制图以及以后的施工图绘制是非常必要的,因为在 AutoCAD 绘图过程中,系统提示指定点位置是最常见的操作之一。此时,就需要通过指定点的坐标来确定点的位置,从而实现图形的精确绘制。

2.1.1 坐 标 系

AutoCAD 采用两种坐标系:世界坐标系(WCS)和用户坐标系(UCS)。

1. 世界坐标系(WCS)

世界坐标系(WCS)是 AutoCAD 的基本坐标系统,它由三个相互垂直并相交的 X、Y、Z 轴组成。在绘制和编辑图像的过程中,WCS 是默认的坐标系。

2. 用户坐标系(UCS)

AutoCAD 提供了可变的用户坐标系(UCS)以方便绘制图形。在默认情况下,用户坐标系和世界坐标系重合,用户可以在绘图过程中根据具体需要来定义 UCS。在 AutoCAD 操作界面的左下角显示了当前图形所使用的坐标系。在 AutoCAD 中坐标系分为二维坐标系和三维坐标系,系统默认为三维坐标系。

AutoCAD 有两种视图显示方式:模型空间和图纸空间。模型空间是指单一视图显示,我们通常使用的都是这种显示方法;图纸空间是指在绘图区域创建图形的多视图,用户可以对其中每个视图进行单独操作。

在默认情况下,当前 UCS 与 WCS 重合。

2.1.2　坐标的输入

绘制图形时,如何精确地输入点的坐标是绘图的关键,经常采用精确定位坐标点的方法。在 AutoCAD 2010 中,点的坐标可以用直角坐标、极坐标、球面坐标和柱面坐标表示,每种坐标又分别具有两种坐标输入方式,即绝对坐标和相对坐标。直角坐标和极坐标最为常用,下面主要介绍一下它们的输入方法。

1.直角坐标法

用点的 X、Y 坐标值表示的坐标为直角坐标。例如:在命令行中输入点的坐标提示下,输入"15,18",则表示输入了一个 X、Y 的坐标值分别为 15、18 的点,此为绝对坐标输入方式,表示该点的坐标是相对于当前坐标原点的坐标值,如图 2.1(a)所示。

如果输入"@10,20",则为相对坐标输入方式,表示该点的坐标是相对于前一点的坐标值,如图 2.1(b)所示。

2.极坐标

用长度和角度表示的坐标为极坐标,只能用来表示二维点的坐标。

在绝对坐标输入方式下,表示为"长度<角度",如"25<50",其中长度是该点到坐标原点的距离,角度为该点至原点的连线与 X 轴正向的夹角,如图 2.1(c)所示。

在相对坐标输入方式下,表示为"@长度<角度",如"@24<50",其中长度为该点到前一点的距离,角度为该点至前一点的连线与 X 轴正向的夹角,如图 2.1(d)所示。

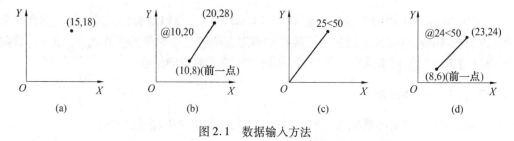

图 2.1　数据输入方法

2.2　设置绘图界限

图形界限就是绘图区域,也称为图限。现实中的图纸都有一定的规格尺寸,如 A4,为了将绘制的图纸方便地打印输出,在绘图前应设置好图形界限。在 AutoCAD 2010 中,可以在快速访问工具栏选择"显示菜单栏"命令,在弹出的菜单中选择"格式"→"图形界限"命令(limits)来设置图形界限。

2.2.1　设置图幅

我们需要做的是,按照图形实际尺寸绘制图形,其他的一切交由软件来完成。图幅设置可以在绘图初始完成,也可以在绘图结束后设置。图幅设置帮助我们选择图纸幅面大小、图纸的比例、图纸方向、调入图框和标题栏的类型。这个设置可以在绘图过程中任何时候修改(见图 2.2)。

提示:(1)在图幅设置中有"标注字高相对幅面固定(实际字高随绘图比例变化)"选项,建议将此选项勾选,这样图纸中的所有标注文字字高就会随着图纸比例变化而自动调整到合适的大小,而不需要改变标注比例来调整文字高度和大小。

(2)绘图时标注按照实际尺寸进行,调整幅面比例不会影响标注比例数值,也不需要在标注设置中修改标注的度量比例来调整标注数值。

(3)绘图时尺寸按照1:1进行,不建议对图形进行整体放大和缩小来适应图框,切记。如需要调整图形与图框的大小,可以在图幅设置中调整绘图比例。

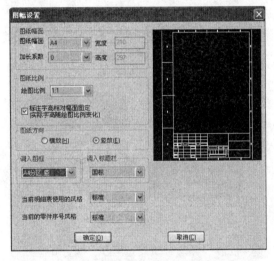

图 2.2 "图幅设置"对话框

2.2.2 设置绘图单位

在绘图区中绘制的所有图形都是根据单位进行测量的。绘图前首先应确定 AutoCAD 的度量单位,例如一张图纸中,一个单位可能是 1 mm,而在另一张图中的一个单位可能是 1 cm。

(1)执行"格式"→"单位"命令,弹出"图形单位"对话框,如图 2.3 所示。

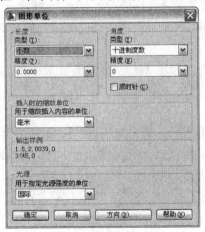

图 2.3 "图形单位"对话框

(2)在"长度"区内选择单位类型和精度,工程绘图中一般使用"小数"和"0.0000"。

(3)在"角度"区内选择角度类型和精度,工程绘图中一般使用"十进制度数"和"0"。

(4)在"用于缩放插入内容的单位"下拉列表中选择图形单位,默认为"毫米"。

(5)单击"确定"按钮。

2.2.3 设置草图

选择"绘图"→"草图设置"命令,AutoCAD 弹出"草图设置"对话框,如图 2.4 所示。用户可通过该对话框进行对应的设置。

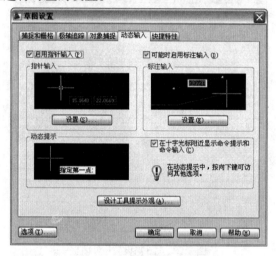

图 2.4 "草图设置"对话框

2.2.4 保存样板图

在具体的设计工作中,为使图纸统一,许多项目都需要设定相同标准,如字体、标准样式、图层和标题栏等。建立标准绘图环境的有效方法是使用样本文件,在样本文件中已经保存了各种标准设置,样板图形包括标题栏、图幅边框线和图框线。用户既可以使用 AutoCAD 2010 自带的模板图形,也可以使用自己创建的模板图形。

1. 使用已有样板文件

许多标准的样板文件都保存在 AutoCAD 安装目录中的"Template"文件夹里,扩展名为".dwt"。

2. 自己创建样板文件

执行"文件"→"另存为"命令,弹出对话框,在"文件类型"中选择 ∗.dwt 模板格式,单击"保存"按钮保存模板文件,以后要是再调用的时候直接找 ∗.dwt 文件调用即可。

2.3 图层与对象特性

在 AutoCAD 中可以利用图层命令将一张图分成若干层,然后将表示不同性质的图形分门别类地画在不同的图层上,以便于图形的检查。在这些不同的图层里,可以分别赋予不同的颜色、线型等。此外,也可以通过任意打开、关闭、冻结、解冻、锁定或解除锁定某些图层来辅助绘图。

图层具有以下特点:

(1)用户可以在一幅图中指定任意数量的图层。系统对图层数没有限制,对每一图层上的对象数也没有任何限制。

(2)每一图层有一个名称,以加以区别。当开始绘一幅新图时,AutoCAD 自动创建名为"0"的图层,这是 AutoCAD 的默认图层,其余图层需用户来定义。

(3)一般情况下,位于一个图层上的对象应该是一种绘图线型,一种绘图颜色。用户可以改变各图层的线型、颜色等特性。

(4)虽然 AutoCAD 允许用户建立多个图层,但只能在当前图层上绘图。

(5)各图层具有相同的坐标系和相同的显示缩放倍数。用户可以对位于不同图层上的对象同时进行编辑操作。

(6)用户可以对各图层进行打开、关闭、冻结、解冻、锁定与解锁等操作,以决定各图层的可见性与可操作性。

初学者容易将所有的图形画在第"0"层上,并只给定一种颜色,这样会给复杂图形修改带来不便,且在图形输出时,全图只使用一种线型、线宽。

在用图层功能绘图之前,首先要对图层的各种特性进行设置,包括建立和命名图层、设置当前图层、设置图层的颜色和线型、图层是否关闭等。

2.3.1　图层特性管理器

AutoCAD 2010 提供了详细直观的"图层特性管理器"对话框,用户可以方便地通过对该对话框中的各选项及其二级对话框进行设置,实现建立新图层、设置图层颜色和线型等各种操作。打开"图层特性管理器"的方法有:

①命令行:layer

②绘图菜单:"格式"→"图层";

③绘图工具栏:"图层"→图层特性管理器按钮![图标]。

图层特性管理器的功能介绍如下:

(1)点击"新特性过滤器"按钮,点击显示"图层过滤器特性"对话框,如图 2.5 所示。从中可以基于一个或多个图层特性创建图层过滤器。

(2)点击"新组过滤器"按钮,点击创建一个图层过滤器,其中包含用户选定并添加到该过滤器的图层。

(3)点击"图层状态管理器"按钮,显示"图层状态管理器"对话框,在其中可以将图层的当前特性设置保存到命名图层状态中,以后可以再恢复这些设置。

(4)点击"新建图层"按钮,点击建立新图层。图层列表中出现一个新的图层名称"图层1",用户可使用此名字,也可改名。要想同时产生多个图层,可选中一个图层名后,输入多个名字,各个名字之间以逗号分隔。图层的名字可以包含字母、数字、空格和特殊符号。新的图层继承了建立新图层时所选中的已有图层的所有特性(包括颜色、线型、ON/OFF 状态等),如果新建图层时没有图层被选中,则新图层具有默认的设置。

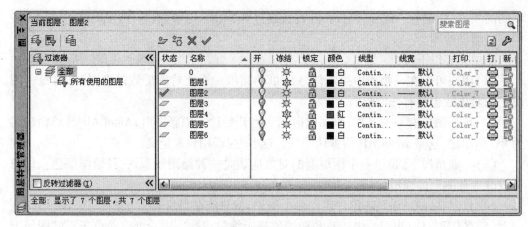

图 2.5　图层特性管理器

(5)创建新图层,然后在所有现有布局视口中将其冻结。可以在"模型"选项卡或布局选项卡上访问此按钮。

(6)点击"删除图层"按钮删除所选图层。在图层列表中选中某一图层,然后单击此按钮,则把该层删除。

(7)点击"置为当前"按钮设置当前图层。在图层列表中选中某一图层,然后单击此按钮,则把该层设置为当前层,并在右侧显示当前图层的名字。另外,双击图层名也可把该图层设置为当前层。

(8)在"搜索图层"文本框输入字符时,按名称快速过滤图层列表。关闭"图层特性管理器"时并不保存此过滤器。

(9)选择"反转过滤器"复选框,显示所有不满足选定"图层特性过滤器"中条件的图层。

(10)选择"应用到图层工具栏"复选框,可以控制"图层"工具栏上图层列表中图层的显示。

(11)"指示正在使用的图层"复选框,指示图层是否处于使用状态。在具有多个图层的图形中,清除此选项可提高性能。

(12)点击"刷新"按钮,通过扫描图形中的所有图元来刷新图层使用信息。

(13)点击"设置"按钮,显示"图层设置"对话框,从中可以设置新图层通知设置、是否将图层过滤器更改应用于"图层"工具栏以及更改图层特性替代的背景色。

(14)图层列表区显示已有的图层及其特性。要修改某一图层的某一特性,单击它所对应的图标即可。右击空白区域,利用打开的快捷菜单可快速选择所有图层。下面介绍列表区中各列的含义。

①名称:显示满足条件的图层的名称。如果要对某层进行修改,首先要选中该层,使其逆反显示。

②开:控制打开或关闭图层。此项对应的图标是小灯泡,如果灯泡颜色是黄色,即该层是打开的,单击使其变为灰色,表示该层被关闭。如果灯泡颜色是灰色,即该层是关闭的,单击使其变为黄色,表示该层被打开。

③冻结:控制图层的冻结与解冻。可控制所有视区中(当前视区中和新建视区中)的图层冻结与否。单击某图层所对应的"冻结/解冻"图标,可使其在冻结与解冻之间转换。当前图层不能冻结。

④锁定:控制图层的锁定与解锁。在该栏对应的列中,如果某层对应的图标是打开的锁,表示该层是非锁定的,单击图标使其变为锁住的锁,则表示将该层锁定;再单击图标使其变为打开的锁,则表示将该层解锁。

⑤颜色:显示和改变图层的颜色。如果要改变某一图层的颜色,单击其对应的颜色图标,AutoCAD 将打开"选择颜色"对话框,用户可从中选取需要的颜色。

⑥线型:显示和修改图层的线型。如果要修改某一图层的线型,单击该图层的"线型"项,打开"选择线型"对话框,其中列出了当前可用的线型,用户可从中选取。

⑦线宽:显示和修改图层的线宽。如果要修改某一图层的线宽,单击该图层的"线宽"项,打开"线宽"对话框,其中"线宽"列表框显示可以选用的线宽值,包括一些绘图中经常用到的线宽,用户可从中选取需要的线宽。"旧的"显示行显示前面赋予图层的线宽。当建立一个新图层时,采用默认线宽(其值为 0.25 mm),"新的"显示行显示赋予图层的新的线宽。

⑧打印样式:修改图层的打印样式。所谓打印样式,是指打印图形时各项属性的设置。

⑨打印:控制所选图层是否可被打印。如果关闭某层的此开关,该层上的图形对象仍旧可见但不可以打印输出。对于处于"开"和"解冻"状态的图层来说,关闭此开关不影响其在屏幕上的可见性,只影响其在打印图中的可见性。如果某个图层处于"冻结"和"关"状态,即使打开"打印"开关,AutoCAD 也无法把该层打印出来。

2.3.2　对象特性

AutoCAD 提供了一个"对象特性"工具栏,如图 2.6 所示。用户可以通过该工具栏上的工具图标快速地查看和改变所选对象的颜色、线型和线宽等特性。默认情况下,这 3 个列表框中显示"Bylayer"。"Bylayer"的意思是所绘对象的颜色、线型和线宽等属性与当前层所设定的完全相同。

图 2.6　对象特性工具栏

1. 修改对象颜色

"颜色控制"下拉列表框用于设置绘图颜色。单击此列表框,AutoCAD 弹出下拉列表,如图 2.7 所示。用户可通过该列表设置绘图颜色(一般应选择"随层"),或修改当前图形的颜色。

修改图形对象颜色的方法是:首先选择图形,然后在如图 2.7 所示的"颜色控制"列表中选择对应的颜色。如果单击列表中的"选择颜色"项,AutoCAD 会弹出"选择颜色"对话框,供用户设置或选择颜色。

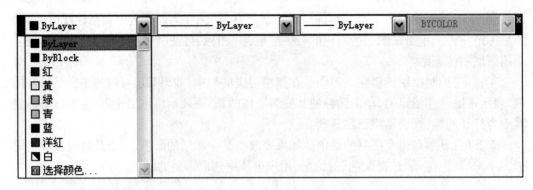

图 2.7　设置绘图颜色

2. 修改已有对象的线型或线宽

"线型控制"下拉列表框用于设置绘图线型。单击此列表框,AutoCAD 弹出下拉列表,如图 2.8 所示。用户可通过该列表设置绘图线型(一般选择"Bylayer"),或修改当前图形的线型。

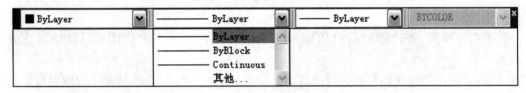

图 2.8　设置绘图线型

修改图形对象线型的方法是:选择对应的图形,然后在如图 2.8 所示的"线型控制"列表中选择对应的线型。如果单击列表中的"其他"选项,AutoCAD 会弹出"线型管理器"对话框,供用户选择。

"线宽控制"下拉列表框用于设置绘图线宽。单击此列表框,AutoCAD 弹出下拉列表,如图 2.9 所示。用户可通过该列表设置绘图线宽(一般应选择"随层"),或修改当前图形的线宽。修改图形对象线宽的方法是:选择对应的图形,然后在"线宽控制"列表中选择对应的线宽。

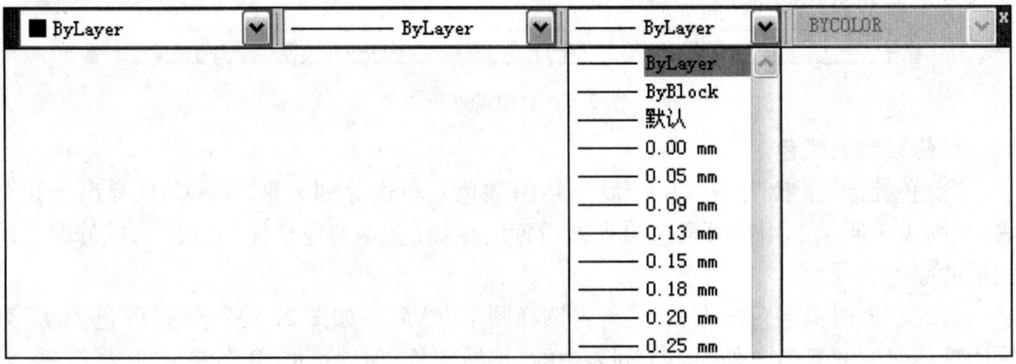

图 2.9　设置绘图线宽

习　题

1. 绘制如图 2.10 所示的图形。通过该操作,练习坐标的表示方法。

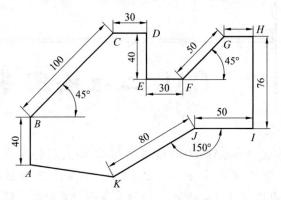

图 2.10　绘制图形

2. 创建如图 2.11 所示的标题栏、辅助线、轮廓线、标注等图层。通过该练习,学习创建和设置图层的操作。

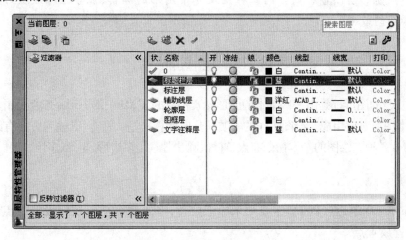

图 2.11　图层特性管理器

第 **3** 章

CAD 二维绘图基本命令

【内容提要】本章是 AutoCAD 2010 绘图的基础部分,将详细讲解基本绘图、编辑命令,主要知识点为点、直线、平行线、圆与圆弧、矩形与正多边形、射线与参照线等简单绘图命令的使用与技巧,通过图形的编辑命令,快速完成一些复杂的工程图样。

【学习目标】通过本章的学习,学生应达到如下基本要求:掌握基本绘图命令使用和各种技巧;掌握选择对象的方法,能运用夹点进行对象编辑,及各种二维编辑命令的使用和应用技巧;能够绘制各种简单的工程图及复杂图形的编辑;让学生养成良好的绘图习惯,提高绘图的效率。

3.1 绘图命令

任何复杂的图形都是由一些基本的图形元素构成的,CAD 中的图形一般都是由点、线、圆、圆弧等基本图形对象组成。绘图工作的实质就是向计算机输入命令,其输入方式有绘图菜单、工具栏、命令 3 种。绘图的基本命令有点、直线、圆、圆弧、正多边形、矩形、多段线等。

3.1.1 点

在 AutoCAD 中,点(Point)主要用来标记位置,输入命令后可按照设置的点的样式在指定的位置放置点。

1. 命令功能

点命令用来绘制单个或多个点对象,一般作为一种特殊的符号或标记,点的样式和大小可以设置。

2. 启动方法

绘图菜单:"绘图(D)"→"点(O)"→"单点/(或多点)"(图 3.1)。

图 3.1 点的下拉菜单

操作:通过菜单方法操作时(见图 3.1),单点命令表示只输入一个点,多点命令表示可输入多个点。

绘图工具栏:点按钮 。

命令行:point。

3. 操作步骤

绘制点之前,应先设定点的样式,点的样式决定绘制点的形状和大小。

(1)设置点样式。

鼠标单击"菜单"→"点样式",弹出"点样式"对话框,如图 3.2 所示。

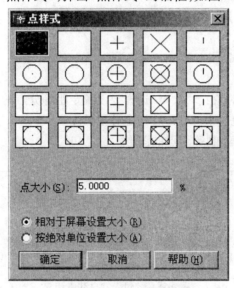

图 3.2　"点样式"对话框

"点样式"对话框中列出 20 个不同形状的点,供用户选用,选取时用鼠标单击该对话框中点的形状,然后单击"确定"就可以选中。

(2)绘制点。

点的样式确定后,即可以绘制点。

鼠标单击工具栏中的点按钮,在作图区中用鼠标单击几点,然后单击 Esc 键中止画点(默认为持续多点,Esc 键能结束画点)。

4. 绘制等分点(divide)

点的样式确定后,即可以用点来等分线段或一个对象,这个任务就要用点的定数等分来完成。

绘图菜单:"绘图(D)"→"点(O)"→"定数等分(D)"。

命令行:divide。

命令行提示与操作如下:

命令:divide↙

选择要定数等分的对象:

输入线段数目或[块(B)]:　　　　指定实体的等分数

如图 3.3(a)所示为绘制等分点的图形。

提示:进行定数等分的对象可以是直线、多段线和样条曲线等,但不能是块、尺寸标注、文本及剖面线等对象。

5. 绘制等距点(measure)

定距等分就是在一个图形对象上按指定距离绘制多个点。点的样式确定后,可以在指定对象上按给定线段的长度用点在分点处做标记或插入块。利用这个功能可以作为绘图的辅助点。等距等分常用于沿圆形路等弯曲对象,放置坐凳、树木栽植点等定位点,距离是按照曲线长度计算的,被等分对象并没有任何变化。

绘图菜单:"绘图(D)"→"点(O)"→"定距等分(M)"。

命令行:measure。

命令行提示与操作如下:

命令:measure↙

选择要定距等分的对象: 选择要设置定距等分点的实体

输入线段数目或[块(B)]:   指定分段长度

如图 3.3(b)所示为绘制等距点的图形。

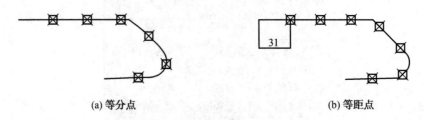

(a) 等分点   (b) 等距点

图3.3 绘制等分点和等距点

提示:进行定距等分的对象可以是直线、多段线和样条曲线等,但不能是块、尺寸标注、文本及剖面线等对象。在绘制点时,选择距离对象点处较近的端点作为起始位置。若所分对象的总长不能被指定间距整除,则最后一段指定所剩下的间距。

3.1.2 线

线是基本实体也是图形的最小单位。在 AutoCAD 中,线的种类包括直线、射线、构造线、多线、弧线、样条曲线等。

1. 直线

(1)命令功能。

绘线是 AutoCAD 中常用的命令,可以通过给定直线的起始点和终点画出直线线段或者闭合多边形,其中每条线段均是一个单独的对象。

(2)启动方法。

绘图工具栏:直线按钮。

绘图菜单:"绘图"→"直线"。

命令行:Line。

执行 line 命令后,可以使用点取方式、正交功能、对象捕捉方式、栅格捕捉方式等方式进行绘制。

命令行提示与操作如下：

命令：line ↙

指定第一点：   输入直线段的起点坐标或在绘图区单击指定点

指定下一点或[放弃(U)]： 输入直线段的端点坐标，或利用光标指定一定角度后，直接输入直线的长度

指定下一点或[闭合(C)/放弃(U)]： 输入下一直线段的端点，或输入选项"U"表示放弃前面的输入；右击或按 Enter 键结束 line 命令

指定下一点或[闭合(C)/放弃(U)]： 输入下一直线段的端点，或输入选项"C"使图形闭合，结束命令

【例 3.1】 绘制如图 3.4 所示的图样。

使用点取方式绘制直线，直线由起点和端点连接而成，执行 line 命令后，指定第一点即直线起点，再指定下一点即直线的端点，在两点之间连成直线。继续指定下一点，可连续绘制出与上一条直线相连的另一条直线。如绘制如图 3.4 所示的图形。

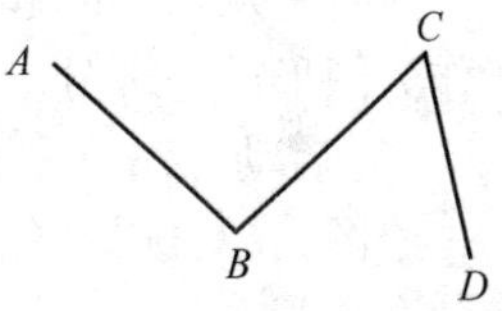

命令行提示与操作如下：

命令：line   单击绘图工具栏中

直线按钮，激活命令

图 3.4 例 3.1 图样

指定第一点：↙   在绘图区用鼠标拾取一点 A

指定下一点或[放弃(U)]： 指定下一点 B

指定下一点或[放弃(U)]： 指定下一点 C

指定下一点或[闭合(C)/放弃(U)]： 指定下一点 D

指定下一点或[闭合(C)/放弃(U)]： 按 Enter 键结束 line 命令

【例 3.2】 绘制如图 3.5(a)所示的矩形。

单击绘图工具栏中的直线按钮，绘制矩形，命令行提示与操作如下：

命令：line 指定第一点：0,0 ↙

指定下一点或[放弃(U)]：@80,0 ↙

指定下一点或[放弃(U)]：@0,-30 ↙

指定下一点或[闭合(C)/放弃(U)]：@80<180 ↙

指定下一点或[闭合(C)/放弃(U)]：c ↙

按 Enter 键结束 line 命令后，将绘制一条从终点到第一点的直线，将图形封闭，绘制的矩形如图 3.5(a)所示。

【例 3.3】 在矩形中绘制直线，如图 3.5(b)所示。

单击绘图工具栏中的直线按钮，绘制矩形，命令行提示与操作如下：

命令：line 指定第一点：25,0 ↙

指定下一点或[放弃(U)]：@0,-30 ↙

指定下一点或[放弃(U)]:↙

命令:line 指定第一点:55,0 ↙

指定下一点或[放弃(U)]:@0,-30 ↙

指定下一点或[放弃(U)]:↙

在矩形中绘制的直线如图 3.5(b)所示。

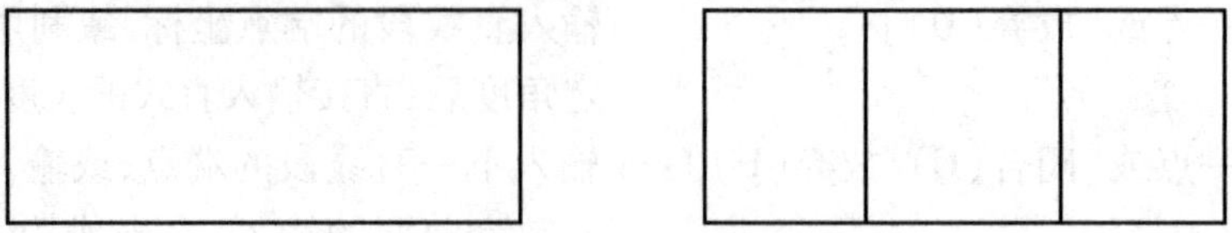

(a)矩形   (b)在矩形中绘制直线

图 3.5　例 3.3 图样

2. 射线(ray)

(1)命令功能。

射线是从指定的起点向某一个方向无限延伸的直线,通常只能作为辅助线使用而不能作为图形的一部分。

(2)启动方法。

绘图菜单:选择"绘图"→"射线"。

命令行:ray。

【例 3.4】　绘制如图 3.6 所示的射线。

命令:ray ↙

指定起点:　　　输入 1 点坐标或者用鼠标拾取 1 点

指定通过点:　　用鼠标拾取射线通过 2 点的位置

指定通过点:　　用鼠标拾取射线通过 3 点的位置

指定通过点:　　用鼠标拾取射线通过 4 点的位置

指定通过点:　　按 Enter 键或者按 Esc 键退出

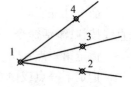

图 3.6　例 3.4 图样

3. 构造线(Xline)

(1)命令功能。

构造线主要用在工程制图中保证主视图与侧视图、俯视图之间的投影关系而做的辅助线,它是向两端无限延伸的直线,也不是图形的一部分。

(2)启动方法。

绘图菜单:"绘图"→"构造线"。

绘图工具栏:构造线按钮 。

命令行:xline。

命令行提示与操作如下:

命令:xline ↙

指定点或[水平(H)/垂直(V)/角度(A)/二等分(B)/偏移(O)]:

其中,"指定点"选项用于绘制通过指定两点的构造线;"水平"选项用于绘制通过指定点的水平构造线;"垂直"选项用于绘制通过指定点的垂直构造线;"角度"选项用于绘制沿指定方向或与指定直线之间的夹角为指定角度的构造线;"二等分"选项用于绘制平

分由指定 3 点所确定的角的构造线；"偏移"选项用于绘制与
指定直线平行的构造线。

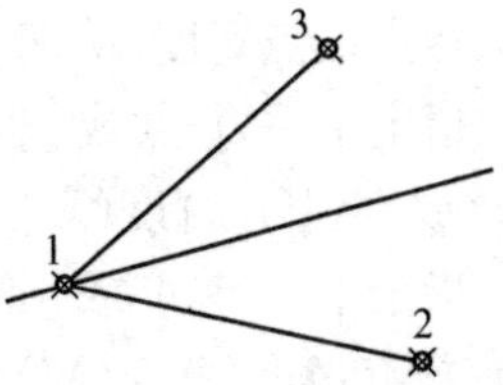

【例 3.5】　用构造线绘制如图 3.7 所示的角平分线。

命令:xline ↙

指定点或［水平(H)/垂直(V)/角度(A)/二等分(B)/
偏移(O)］:B ↙

图 3.7　绘制角平分线

指定角的顶点:　　用鼠标拾取角的顶点(1 点)

指定角的起点:　　用鼠标拾取角的一条边上任意一个点(2 点)的位置

指定角的端点:　　用鼠标拾取角的另条边上任意一个点(3 点)的位置

指定角的端点:　　按 Enter 键或者鼠标右键退出

4. 多段线(pline)

(1)命令功能。

多段线是作为单个对象创建的相互连接的序列线段。可以创建直线段、弧线段或两
者的组合线段，起始点终点宽度可以相同，也可以不同。

多段线提供单个直线所不具备的编辑功能。例如，可以调整多段线的宽度和曲率。
创建多段线之后，可以使用 pedit 命令对其进行编辑，其中合并、拟合较为常用；或者使用
explode 命令将其转换成单独的直线段和弧线段。

合并时将坐标首尾相连但相互独立的一系列直线、弧多段线合并成为一个对象，与合
并功能类似，但比合并命令要快得多。合并后可作为一个对象进行操作。

拟合是沿一条多段线的坐标点，拟合出一条平滑的弧线，这条弧线穿越多段线的坐标
点，由一系列圆弧组成。

(2)启动方法。

绘图菜单:"绘图"→"多段线"。

绘图工具栏:多段线按钮 ↵。

命令行:pline。

命令行提示与操作如下:

命令:pline ↙

指定起点:　　指定多段线的起点

当前线宽为 0.0000

指定下一个点或［圆弧(A)/半宽(H)/长度(L)/放弃(U)/宽度(W)］:
　　　　　　指定多段线的下一个点

【例 3.6】　用多段线绘制如图 3.8 所示的箭头。

命令:pline

指定起点:

当前线宽为 0.0000

指定下一个点或［圆弧(A)/半宽(H)/长度(L)/放弃(U)/宽度(W)］:30

指定下一个点或［圆弧(A)/闭合(C)/ 半宽(H)/长度(L)/放弃(U)/宽度(W)］:w

指定起点宽度<0.0000>:4

指定端点宽度<0.0000>:0

指定下一个点或［圆弧（A）/闭合（C）/ 半宽（H）/长度（L）/放弃（U）/宽度（W）］:10

指定下一个点或［圆弧（A）/闭合（C）/ 半宽（H）/长度（L）/放弃（U）/宽度（W）］:40

指定下一个点或［圆弧（A）/闭合（C）/ 半宽（H）/长度（L）/放弃（U）/宽度（W）］:w

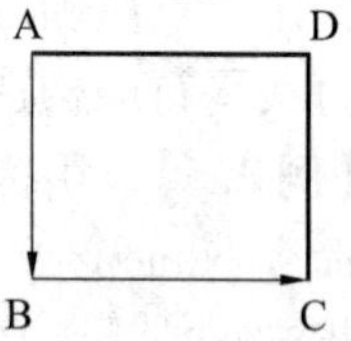

图 3.8　例 3.6 图样

指定起点宽度<0.0000>:4

指定端点宽度<0.0000>:0

指定下一个点或［圆弧（A）/闭合（C）/ 半宽（H）/长度（L）/放弃（U）/宽度（W）］:10

指定下一个点或［圆弧（A）/闭合（C）/ 半宽（H）/长度（L）/放弃（U）/宽度（W）］:40

指定下一个点或［圆弧（A）/闭合（C）/ 半宽（H）/长度（L）/放弃（U）/宽度（W）］:c

【例 3.7】　用多段线绘制如图 3.9 所示的钢筋。

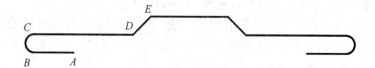

图 3.9　钢筋图样

命令:pline

指定起点宽度<50.0000>:20

指定端点宽度<20.0000>:20

指定下一个点或［圆弧（A）/ 半宽（H）/长度（L）/放弃（U）/宽度（W）］:<正交 开>200

指定下一个点或［圆弧（A）/闭合（C）/ 半宽（H）/长度（L）/放弃（U）/宽度（W）］:<正交 关>a

指定圆弧的端点或［角度（A）/圆心（CE）/闭合（CL）/方向（D）/ 半宽（H）/直线（L）/ 半径（R）/第二个点（S）/放弃（U）/ 宽度（W）］:w

指定圆弧的端点或［角度（A）/圆心（CE）/闭合（CL）/方向（D）/ 半宽（H）/直线（L）/ 半径（R）/第二个点（S）/放弃（U）/ 宽度（W）］:<正交 开>

指定圆弧的端点或［角度（A）/圆心（CE）/闭合（CL）/方向（D）/ 半宽（H）/直线（L）/ 半径（R）/第二个点（S）/放弃（U）/ 宽度（W）］:1

指定下一个点或［圆弧（A）/闭合（C）/ 半宽（H）/长度（L）/放弃（U）/宽度（W）］: 500

指定下一个点或［圆弧（A）/闭合（C）/ 半宽（H）/长度（L）/放弃（U）/宽度（W）］:@100<45

指定下一个点或［圆弧（A）/闭合（C）/ 半宽（H）/长度（L）/放弃（U）/宽度（W）］:<正交 关>

<正交 开>200

指定下一个点或［圆弧(A)/闭合(C)/ 半宽(H)/长度(L)/放弃(U)/宽度(W)］：

命令：mirror

选择对象：找到 1 个。

提示：1.创建圆弧多段线。绘制多段线的弧线段时,圆弧的起点就是前一条线段的端点。可指定圆弧的角度、圆心、方向或半径。通过指定一个中间点和一个端点也可以完成圆弧的绘制。

2.创建闭合多段线。可以通过绘制闭合多段线来创建多边形。要闭合多段线,请指定对象最后一条边的起点,输入 c(闭合),然后按 Enter 键。

3.创建宽多段线。使用"宽度"和"半宽"选项可以绘制各种宽度的多段线。可以依次设置每条线段的宽度,使它们从一个宽度到另一宽度逐渐递减。指定多段线的起点之后,即可使用这些选项。

使用"宽度"和"半宽"选项可以设置要绘制的下一条多段线的宽度。零(0)宽度生成细线。大于零的宽度生成宽线,如果"填充"模式打开则填充该宽线,如果关闭则只画出轮廓。"半宽"选项通过指定宽多段线的中心到外边缘的距离来设置宽度。

5.多线(mline)

(1)命令功能。

多线是由多条平行直线组成的对象,最多可包含 16 条平行线,线间的距离、线的数量、线条颜色、线型等都可以调整。该命令常用于绘制墙体、公路、管道等。

(2)启动方法。

绘图菜单："绘图"→"多线"。

绘图工具栏：多线按钮⤵。

命令行：mline。

命令行提示与操作如下：

命令：mline ✓

当前设置：对正＝当前对正类型,比例＝当前比例值,样式＝当前样式

指定起点或 ［对正(J)/比例(S)/样式(ST)］：　指定一点或输入一个选项

mline 命令的常用选项如下：

①对正(J)：设定多线对正方式,即多线中哪条线段的端点与鼠标指针重合并随鼠标指针移动。该选项有以下 3 个子选项。

②上(T)：若从左向右绘制多线,则对正点将在最顶端线段的端点处。

③无(Z)：对正点位于多线中偏移量为 0 的位置处。多线中线条的偏移量可在多线样式中设定。

④下(B)：若从左向右绘制多线,则对正点将在最底端线段的端点处。

⑤比例(S)：指定多线宽度相对于定义宽度(在多线样式中定义)的比例因子,该比例不影响线型比例。

⑥样式(ST)：该选项使用户可以选择多线样式,默认样式是"STANDARD"。

提示：负比例因子将翻转偏移线的次序：当从左至右绘制多线时,偏移最小的多线绘制在顶部。负比例因子的绝对值也会影响比例。比例因子为 0 将使多线变为单一的

线段。

（3）设置多线样式。

①选择菜单栏"格式"→"多线样式"，打开"多线样式"对话框，如图 3.10 所示。

②在"名称"文本框中输入多线样式的名称，名称越简单，使用时越方便，这里输入 Q 表示墙，单击"添加"按钮添加样式。

③单击"多线特性"按钮，打开"多线特性"对话框，如图 3.11 所示，在"起点"和"端点"栏选中"直线"复选框，这样画出来的墙的端口将是闭合的。然后单击"确定"。

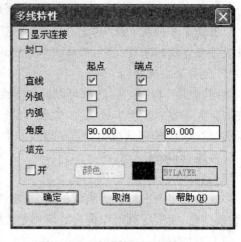

图 3.10　"多线样式"对话框　　　　　图 3.11　"多线特性"对话框

④单击"元素特性"按钮，打开"元素特性"对话框，如图 3.12 所示。"偏移"文本框的值为 0.5 和 -0.5，表示两线之间的间距为 1，使用多线命令时，比例值就是多线的宽度。

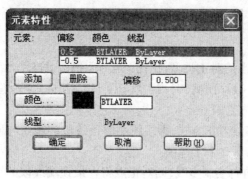

图 3.12　元素特性示例

【例 3.8】　在图 3.13 的基础上，使用多线命令绘制如图 3.13（b）所示的墙体。

具体操作过程如下：

命令：mline↙

指定起点或［对正（J）/比例（S）/样式（ST）］：j↙

输入对正类型［上（T）/无（Z）/下（B）］<无>：↙

指定起点或［对正（J）/比例（S）/样式（ST）］：s↙

输入多线比例 <20.00>：↙

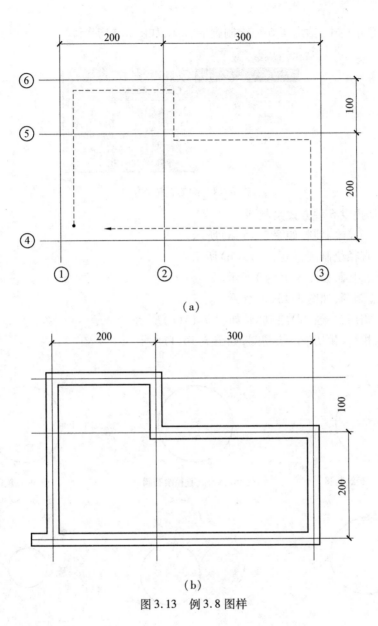

图 3.13　例 3.8 图样

3.1.3　圆及圆弧

1. 圆(circle)

(1)命令功能。

用来绘制所需要的圆。

(2)启动方法。

绘图菜单:"绘图"→"圆"。

绘图工具栏:圆按钮。

命令行:circle。

在绘图菜单栏中,给出了 6 种绘制圆的方法,如图 3.14 所示。

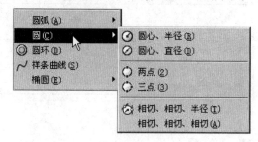

图 3.14　圆的下拉菜单

AutoCAD 提供 6 种方式绘制圆:

①圆心、半径绘制圆,如图 3.15(a)所示。

②圆心、直径绘制圆,如图 3.15(b)所示。

③两点绘制圆,如图 3.15(c)所示。

④三点绘制圆,如图 3.15(d)所示。

⑤相切、相切、半径(T)绘制圆,如图 3.15(e)所示。

⑥相切、相切、相切(A)绘制圆,如图 3.15(f)所示。

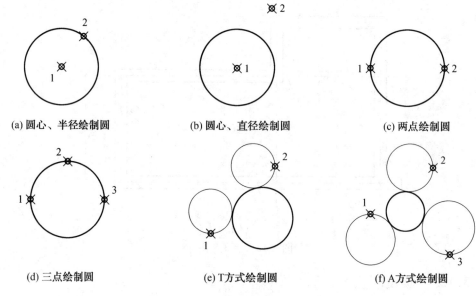

(a) 圆心、半径绘制圆　　(b) 圆心、直径绘制圆　　(c) 两点绘制圆

(d) 三点绘制圆　　(e) T方式绘制圆　　(f) A方式绘制圆

图 3.15　各种绘制圆的方式

【例 3.9】　绘制如图 3.16 所示半径为 50 的圆。

具体操作过程如下:

命令:circle

指定圆的圆心或[三点(3P)/两点(2P)/相切、相切、半径(T)]:

启用绘制圆的命令◯,在绘图窗口中选定圆心位置

指定圆的半径或[直径(D)]:50　输入半径值,按 Enter 键

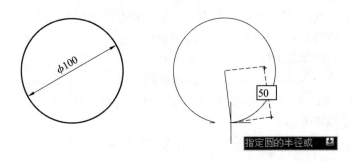

图 3.16 圆心半径绘制圆

【例 3.10】 如图 3.17 所示,通过指定的三个点 ABC 绘制圆。

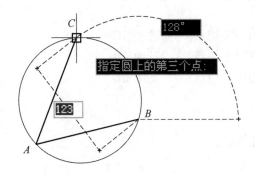

图 3.17 三点法绘制圆

具体操作过程如下:

命令:circle

指定圆的圆心或[三点(3P)/两点(2P)/切点、切点、半径(T)]:3p ↙

指定圆上的第一个点: 指定点 A 或输入坐标

指定圆上的第二个点: 指定点 B 或输入坐标

指定圆上的第三个点: 指定点 C 或输入坐标

【例 3.11】 如图 3.18 所示,绘制与直线 OA 和 OB 相切,半径为 70 的圆。

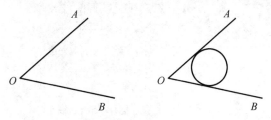

图 3.18 相切、相切、半径绘制圆

具体操作过程如下:

单击绘图工具栏中的圆按钮 ⊙ ,选择切点、切点、半径的方法绘制圆,命令行操作如下:

命令:circle

指定圆的圆心或[三点(3P)/两点(2P)/切点、切点、半径(T)]:t↙

指定对象与圆的第一个切点：　　　选中 OA

指定对象与圆的第二个切点：　　　选中 OB

指定圆的半径:<70.000> :70　　　绘制出圆

【例 3.12】　如图 3.19 所示,绘制与三角形 ABC 都相切的圆。

具体操作过程如下：

单击绘图工具栏中的圆按钮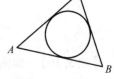,选择切点、切点、半径的方法绘制圆,命令行操作如下：

命令:circle

指定圆的圆心或[三点(3P)/两点(2P)/切点、切点、半径(T)]:t↙

指定对象与圆的第一个切点：　　　选中 AC

指定对象与圆的第二个切点：　　　选中 AB

指定对象与圆的第三个切点：　　　选中 BC

图 3.19　绘制相切、相切、相切圆

2. 圆弧(arc)

(1)命令功能。

通过多种方法创建圆弧。

(2)启动方法。

绘图菜单:"绘图"→"圆弧"。

绘图工具栏:圆弧按钮　。

命令行:arc。

根据命令行提示,逐步应答,实现绘制圆弧的操作。"圆弧"菜单中,给出了 11 种绘制圆弧的方法,用户可以根据不同的已知条件灵活选用,如图 3.20 所示。各种圆弧的绘制方式如图 3.21 所示。

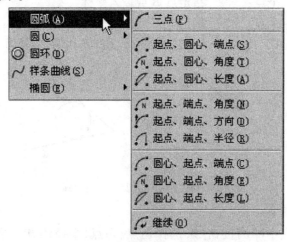

图 3.20　圆弧的下拉菜单

命令行提示与操作如下：

指定圆弧的起点或［圆心（C）］：　　　　　指定起点

指定圆弧的第二点或［圆心（C）/端点（E）］：指定第二点

指定圆弧的端点：　　　　　　　　　　　指定末端点

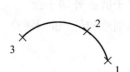
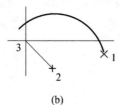
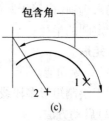

　　　　(a)　　　　　　　　　　(b)　　　　　　　　　　(c)

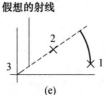
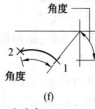

　　　　(d)　　　　　　　　　　(e)　　　　　　　　　　(f)

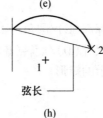

　　　　(g)　　　　　　　　　　(h)　　　　　　　　　　(i)

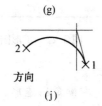

　　　　(j)　　　　　　　　　　(k)

图 3.21　各种圆弧的绘制方式

3.1.4　正多边形及矩形

1. 正多边形

（1）命令功能。

用于创建等边闭合多边形。

（2）启动方法。

正多边形是具有等边长的封闭图形，其边数为 3 至 1 024。绘制正多边形时，用户可以通过与假想圆的内接或外切的方法来进行绘制，也可以指定正多边形某边的端点来绘制。

绘图菜单："绘图"→"正多边形"。

绘图工具栏：正多边形按钮 ⬠。

命令行：polygon。

命令行提示与操作如下：

命令：polygon ↙

输入边的数目<4>： 指定多边形数，默认值为 4

指定正多边形的中心点或［边（E）］： 指定中心点

输入选项［内接于圆（I）/外切于圆（C）］<I>： 指定内接于圆或外切于圆

指定圆的半径： 指定外接圆或内切圆的半径

2.矩形

（1）命令功能。

用于绘制矩形多段线。

（2）启动方法。

绘图菜单："绘图"→"矩形命令"。

绘图工具栏：矩形按钮▭。

命令行：rectang。

命令行提示与操作如下：

命令：rectang ↙

指定第一个角点或［倒角（C）/标高（E）/圆角（F）/厚度（T）/宽度（W）］： 指定角点

指定另一个角点或［面积（A）/尺寸（D）/旋转（R）］

【例 3.11】 绘制如图 3.22 所示的矩形。

具体操作过程如下：

命令：rectang ↙

指定第一个角点或［倒角（C）/标高（E）/圆角（F）/厚度
(T)/宽度（W）］：0,60 ↙

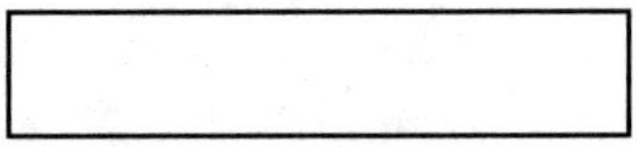

图 3.22 矩形图样

指定另一个角点或［面积（A）/尺寸（D）/旋转（R）］：200,120 ↙

提示：执行 rectang 命令时，"倒角"选项表示绘制在各角点处有倒角的矩形。"标高"
选项用于确定矩形的绘图高度，即绘图面与 XY 面之间的距离。"圆角"选项确定矩形角
点处的圆角半径，使所绘制矩形在各角点处按此半径绘制出圆角。"厚度"选项确定矩形
的绘图厚度，使所绘制矩形具有一定的厚度。"宽度"选项确定矩形的线宽。

此时可通过指定另一角点绘制矩形；通过"面积"选项根据面积绘制矩形，通过"尺
寸"选项根据矩形的长和宽绘制矩形；通过"旋转"选项绘制按指定角度放置的矩形。

3.1.5 椭圆与椭圆弧

椭圆与椭圆弧是工程图样中常见的曲线，在 AutoCAD 2010 中绘制椭圆与椭圆弧比较
简单，和正多边形一样，系统自动计算数据。

1.椭圆

（1）命令功能。

根据已知参数绘制椭圆。

（2）启动方法。

绘制椭圆的主要参数是椭圆的长轴和短轴，绘制椭圆的缺省方法是通过指定椭圆的

第一根轴线的两个端点及另一半轴的长度。

绘图菜单:"绘图"→"椭圆"。

绘图工具栏:椭圆按钮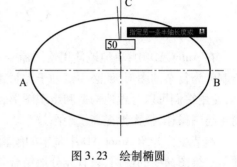。

命令行:el(ellipse)。

【例 3.14】　绘制如图 3.23 所示的椭圆。

具体操作过程如下:

命令行:ellipse ↙

指定椭圆的短轴点或[圆弧(A)/中心点(C)]:c ↙

指定椭圆的中心点:(　)

指定轴的端点:50 ↙

指定另一条半轴长度或[旋转(R)]:100

图 3.23　绘制椭圆

2. 椭圆弧

(1)命令功能。

根据已知参数绘制一段椭圆弧。

(2)启动方法。

绘制椭圆弧的方法与绘制椭圆相似,首先确定椭圆的长轴和短轴,然后再输入椭圆弧的起始角和终止角即可。

绘图菜单:"绘图"→"椭圆"→"椭圆弧"。

绘图工具栏:椭圆弧按钮。

命令行:ellipse。

3.1.6　圆　环

(1)命令功能。

圆环(Donut)是一种可以填充的同心圆,其内径可以是 0,也可以和外径相等。在绘图过程中用户需要指定圆环的内径,外径以及中心点。

(2)启动方法。

绘图菜单:"绘图"→"圆环"。

命令行:donut。

【例 3.15】　绘制如图 3.24 所示的圆环。

具体操作过程如下:

命令:donut

指定圆环的内径<0.5000>:20 ↙

指定圆环的外径<1.0000>:40 ↙

指定圆环的中心点<退出>:

说明:用户指定内、外圆直径时,可不考虑两个值的指定顺序,自动默认较小的值为内径,当其中小值为 0 时,将绘制实

图 3.24　绘制圆环

心圆。

用户可通过"fill"命令来设置圆环的填充状态,在命令行输入"fill",命令行提示:

命令:fill↙

输入模式[开(ON)关(OFF)]<开>:

系统默认填充设置为ON,如果"填充"设置为OFF,绘制的圆环将不填充。

3.2 编辑命令

在 AutoCAD 中,单纯地使用绘图命令或绘图工具只能创建出一些基本图形对象,要绘制较为复杂的图形,就必须借助于图形编辑命令。AutoCAD 提供了丰富的图形编辑工具,使用它们可以合理地构造和组织图形,方便地编辑、修改图样。以保证绘图的准确性,简化绘图操作,极大地提高了绘图效率。

本节主要介绍 AutoCAD 中基本的编辑命令。在学习编辑命令时,应当注意前面介绍的基本绘图命令的使用,只有充分地结合基本绘图命令和编辑命令,才能有效地提高绘图的效率与质量。

3.2.1 对象的选择

对已有的图形进行编辑,AutoCAD 提供了两种不同的编辑顺序:

①先下达编辑命令,再选择对象。

②先选择对象,再下达编辑命令。

不论采用何种方式,在二维图形的编辑过程中,都需要进行选择图形对象的操作,AutoCAD 为用户提供了多种选择对象的方式。对于不同图形、不同位置的对象可使用不同的选择方式,这样可提高绘图的工作效率。

1.选择的方法

(1)逐个选择对象。

出现"选择对象"提示时,用户可以逐个地选择一个或多个对象。

(2)选择多个对象。

出现"选择对象"提示时,可以同时选择多个对象。

(3)防止对象被选中。

可以通过锁定图层来防止指定图层上的对象被选中和修改。

(4)快速选择。

可以根据对象特性和对象类型在选择集中包含或排除对象。

(5)自定义选择对象。

可以控制选择对象的几个方面(例如先输入命令还是先选择对象、对象选择光标的大小以及其他参数)。

2.选择方法和技巧

(1)使用十字光标和拾取框光标。

通过使用定点设备单击选择对象。使用十字光标和拾取框光标选取,如图 3.25 和

3.26 所示。拾取框光标必须与对象上的某一部分接触,其大小可在"选项"对话框"选择"选项卡中设置。

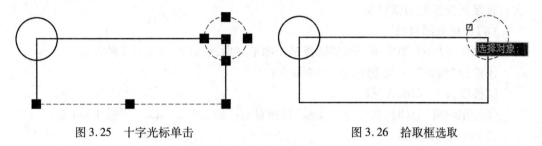

图 3.25 十字光标单击   图 3.26 拾取框选取

(2)选择彼此接近的对象。

选择彼此接近或重叠的对象通常很困难。可以按下 Ctrl 键并循环单击这些对象,直到所需对象亮显为止。

(3)从选择的对象中删除对象。

按住 Shift 键并再次选择对象,可以将其从当前选择集中删除。可以无限制地在选择集中添加和删除对象。

出现"选择对象"提示时,可以同时选择多个对象。例如,可以指定一个矩形区域以选择其中的所有对象,或指定一个选择栏以选择所经过的所有对象。

(4)指定矩形选择区域。

可以通过指定对角点定义矩形区域来选择对象。指定第一个角点之后,可以从左到右拖动光标创建封闭的窗口选择。仅选择完全包含在矩形窗口中的对象。从右到左拖动光标创建交叉选择。选择包含于或经过矩形窗口的对象。使用"窗口选择"选择对象时,通常整个对象都要包含在窗口选择框中,如图 3.27 所示。

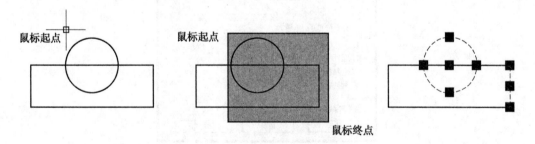

图 3.27 矩形窗口选择对象

(5)指定不规则形状的选择区域。

可以通过指定若干点定义不规则形状的区域来选择对象。使用窗口多边形选择来选择完全封闭在选择区域中的对象。使用交叉窗口多边形选择可以选择完全包含于或经过选择区域的对象。

(6)指定选择栏。

使用选择栏可以很容易地选择复杂图形中的对象。选择栏看起来像多段线,仅选择它经过的对象;并非通过封闭对象来选择它们。

（7）用夹点编辑对象。

夹点是一些小方框,使用定点设备指定对象时,对象关键点上将出现夹点。可以拖动夹点直接而快速地编辑对象。

（8）选择全部对象。

在绘图过程中,如果用户需要选择整个图形对象,可以利用以下 3 种方法:

①选择"编辑"→"全部选择"菜单命令;

②按键盘上"Ctrl+A"键;

③使用编辑工具时,当命令行提示"选择对象:"时,输入"ALL",并按 Enter 键。

（9）快速选择对象。

在绘图过程中,使用快速选择功能,可以快速将指定类型的对象或具有指定属性值的对象选中,启用"快速选择"命令有以下 3 种方法:

绘图菜单:"工具"→"快速选择"。

命令行:qselect。

使用光标菜单,在绘图窗口内右击鼠标,并在弹出的光标菜单中选择"快速选择"选项。

当启用"快速选择"命令后,系统弹出如图 3.28 所示的"快速选择"对话框,通过该对话框可以快速选择所需的图形元素。

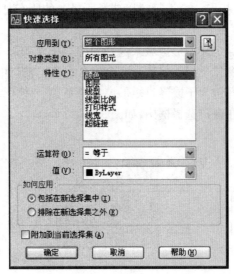

图 3.28 "快速选择"对话框

3.2.2 对象的取消

选择对象,按 Esc 键取消。

3.2.3 对象的删除

1. 命令功能

删除命令用于删除作图中间过程的图线或多余的图线。选择删除对象时,用户可逐个对象连续选择,也可使用选择窗口、交叉窗口或选择集等方式进行选择,当对象选择完成后,按 Enter 键结束命令,被选中的对象则从图形中被删除。点击修改工具栏上的删除工具按钮,从图形中删除一个或多个对象图形。

使用 Erase 命令删除对象,Erase 命令可用于所有可用的对象选择方法,即只要能够选定的,就能用此命令删除。

2. 启动方法

绘图菜单:"修改"→"删除"。

修改工具栏:删除按钮 。

命令行:Erase。

快捷菜单:选择要删除的对象,在绘图区右击,选择快捷菜单的删除命令。

【例 3.16】　用 delete 命令删除图中圆和五边形,如图 3.29(a)所示。

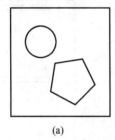

(a)　　　　　　　　　　　　　　　　(b)

图 3.29　例 3.16 图样

具体操作过程如下:

命令: delete　　　　　　　　　执行 delete 命令

选取删除对象:点选圆　　　　　选取删除对象

选择集中的对象:1　　　　　　 提示已选择对象数

选取删除对象:点选五边形　　　选取删除对象

选择集中的对象:2　　　　　　 提示已选择对象

选取删除对象　　　　　　　　　按 Enter 键删除对象

结果如图 3.29(b)所示。

3.2.4　对象的移动

1. 命令功能

移动对象(move/m)可以在图形中移动对象而不改变其方向和大小。

2. 使用方法

绘图菜单:"修改"→"移动"。

修改工具栏:移动工具按钮 ,在图形中把所选的对象从原位置移动到新的位置。

命令行:move。

快捷菜单:选择要复制的对象,在绘图区右击,选择快捷菜单中的移动命令。

命令行提示与操作如下:

命令:move

选择对象：   选择要移动的对象，按 Enter 键结束选择

指定基点或位移：   指定基点或位移

指定基点或[位移(D)]<位移>：   指定基点或位移

指定第二点或<使用第一个点作为位移>：

此外还可以通过以下方法进行移动：①通过使用坐标和对象捕捉，可以精确地移动对象；②通过在"特性"选项板中更改绝对坐标值来重新计算对象；③也可以通过输入第一点的坐标值并按 Enter 键输入第二位移点的坐标值，以其相对距离移动对象。选定对象移动到由输入的相对坐标值决定的新位置。（注：要输入相对坐标，请勿像通常情况下那样包含 @ ，因为相对坐标是假设的。）

【例3.17】 用 move 命令将图中图形以 A 点为基准后移 0.5 m，如图 3.30 所示。

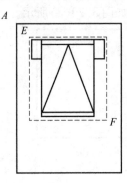
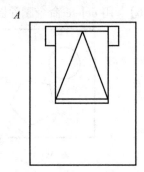

图 3.30 床

具体操作过程如下：

命令：move   执行 move 命令

选取移动对象：点选点 E   指定窗选对象的第一点

另一角点：点选点 F   指定窗选对象的第二点

选择集中的对象：8   提示已选择对象数

选取移动对象：   按 Enter 键结束对象选择

向量(V)/<基点>：捕捉点 A   指定移动的基点

位移点：0.5   指定位移

命令：   回车结束命令

3.2.5 对象的复制

1. 命令功能

复制(copy/c)对象可以在距原始位置的指定距离处创建精确的对象副本，一次可以复制一个或者多个，也可以在图形中创建对象的副本，副本可以与选定对象相同或相似。

2. 启用方法

绘图菜单："修改"→"复制"。

修改工具栏："复制"工具按钮。

命令行：copy。

快捷菜单:选中要复制的对象右击,选择快捷菜单中的复制选择命令。

copy 命令能将多个对象复制到指定位置。

命令行提示与操作如下:

命令:copy ↙

选择对象:　　　　　　　　　　　　　选择要复制的对象

指定基点或[位移(D)/模式(O)]<位移>:　指定基点或位移

【例 3.18】　用 copy 命令复制图 3.31 所示的沙发。

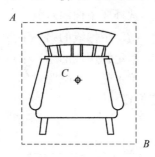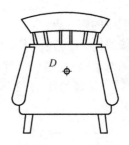

图 3.31　沙发

具体操作过程如下:

命令:copy　　　　　　　　　　　　　执行 copy 命令

选取复制对象:点选点 A　　　　　　　指定窗选对象的第一点

另一角点:点选点 B　　　　　　　　　指定窗选对象的第二点

选择集中的对象:1　　　　　　　　　　提示已选择对象数

选取复制对象:　　　　　　　　　　　按 Enter 键结束对象选择

多次(M)/向量(V)/<基点>:点选点 C　　指定复制基点

位移点:点选点 D　　　　　　　　　　指定位移点

命令:　　　　　　　　　　　　　　　按 Enter 键结束命令

3. 说明

(1)使用 copy 命令在一个图样文件进行多次复制,如果要在图样之间进行复制,应采用 copyclip 命令,它将复制对象复制到 Windows 的剪贴板上,然后在另一个图样文件中用 pasteclip 命令将剪贴板上的内容粘贴到图样中。

(2)有规则多次复制可用 array 命令,无规则的多次复制可选择多次(M)选项。

(3)在"快捷工具"→"编辑工具"中有一个"多重复制 copym"命令,这个命令的基本功能即 copy 命令里的多次(M)选项,虽然它还提供在复制中可以做 divide、measure、array 等操作,但设计得太复杂,用起来不如使用 divide、measure、array 的具体命令方便。

3.2.6　对象的镜像

1. 命令功能

镜像(mirror/mi)可以创建对象的镜像图像。这对创建对称的对象非常有用,因为这样可以快速地绘制半个对象,然后创建镜像,而不必绘制整个对象。显然,此命令一般适

用于有对称特性的图形。

2.启用方法

绘图菜单:"修改"→"镜像"。

修改工具栏:镜像工具⚄。

命令行:mirror(mi)。

命令行提示与操作如下:

命令:mirror ↙

选择对象:　　　　　　　　　　　　　　选择要镜像的对象

指定镜像线的第一点:　　　　　　　　　指定镜像线的第一个点

指定镜像线的第二点:　　　　　　　　　指定镜像线的第二个点

要删除源对象吗?［是(Y)/否(N)］<N>:　确定是否删除源对象

【例 3.19】　镜像如图 3.32 所示原对象到指定位置。

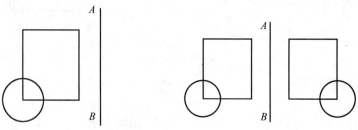

图 3.32　用镜像命令复制对象示例

具体操作过程如下:

命令:mirror ↙

选择对象:　　　　　　　　　　选择要镜像的对象

选择对象:↙　　　　　　　　　　也可以继续选择对象

指定镜像线的第一点:　　　　　拾取点 A

指定镜像线的第二点:　　　　　拾取点 B

是否删除源对象?［是(Y)/否(N)］<N>:↙

3.说明

绕轴(镜像线)翻转对象创建镜像图像。要指定临时镜像线,请输入两点。可以选择是否删除或保留原对象。

创建文字、属性和属性定义的镜像时,仍然按照轴对称规则进行,生成反转或倒置的图像。要避免出现这样的结果,请将系统变量 MIRRTEXT 设置为 0(关)。默认情况下,MIRRTEXT 为开。

3.2.7　对象的阵列

1.命令功能

阵列(array)主要是对于规则分布的图形,通过环形或者是矩形阵列。

2. 启动方法

绘图菜单:"修改"→"阵列"。

标准工具栏:阵列按钮 ⊞。

命令行:array。

启用"阵列"命令后,系统将弹出如图 3.33 所示的"阵列"对话框。在对话框中,用户可根据自己的需要进行设置。

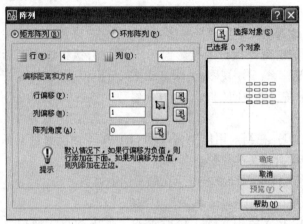

图 3.33　"阵列"对话框

3.2.8　对象的剪切

1. 命令功能

对象剪切(trim),是使对象精确地终止于由其他对象定义的边界。剪切对象可以是直线、圆弧、圆、多段线、椭圆、样条曲线、参照线、射线、块和射线。

对象既可以作为剪切边,也可以作为被剪切的对象。剪切几个对象时,使用不同的选择方法有助于选择当前的剪切边和剪切对象。

2. 启动方法

绘图菜单:"修改"→"修剪"。

修改工具栏:修剪工具按钮 ⊶。

命令行:trim(tr)。

操作步骤:

命令行提示与操作如下:

命令:trim↙

当前设置:投影=UCS,边=无

选择边界的边

选择对象或<全部选择>:　　选择用作修剪边界的对象,按 Enter 键结束对象选择

选择要修剪的对象,或按住 shift 键选择要延伸的对象,或[栏选(F)/窗交(C)/投影(P)/边(E)/删除(R)/放弃(U)]

执行 trim 命令后,系统提示:"选取切割对象作修剪<回车全选>:",选取对象后,系统

接着提示:"边缘模式(E)/围栏(F)/投影(P)/<选取对象修剪>:"

(1)边缘模式(E):该选项用来确定修剪边的方式。键入 e,系统提示:"延伸(E)/不延伸(N) <不延伸(N)>:",分别说明如下:

①延伸(E):该选项确定用隐含的延伸边界来修剪对象,而实际上边界和修剪对象并没有真正相交。

②不延伸(N):该选项确定边界不延伸,而只有边界与修剪对象真正相交后才能完成修剪操作。

(2)围栏(F):该选项以围栏选择实体方式选取对象修剪。

(3)投影(P):确定命令执行的投影空间。键入 p,执行该选项后,系统提示:"投影(P):无(N)/用户坐标系(U)/视图(V)<UCS>:",分别说明如下:

①无(N):表示按三维空间(非投影)方式修剪。该选项仅对在三维空间中相交的对象有效。

②用户坐标系(U):在当前用户坐标系(U)的 XY 平面上修剪对象。在 XY 平面上可修剪在三维空间中没有相交的对象。

③视图(V):在当前视图投影方向所在的平面上修剪。

(4)撤消(U):取消由 trim 命令最近所完成的操作。

【例 3.20】 用 trim 将图 3.34(a)所示的矩形内的直线剪掉,结果如图 3.34(b)所示。

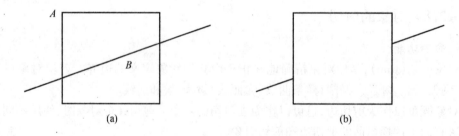

图 3.34 修剪命令示例

具体操作过程如下:

命令:trim　　　　　　　　　　　　　　　　　　　　执行 trim 命令

选取切割对象作修剪<回车全选>:点选矩形框 A　　　选择修剪边界

选择集中的对象:1　　　　　　　　　　　　　　　　提示已选择对象数

选取切割对象作修剪<回车全选>:　　　　　　　　　结束选择对象

边缘模式(E)/围栏(F)/投影(P)/<选取对象修剪>:　　　点选直线 B 选取对象修剪

边缘模式(E)/围栏(F)/投影(P)/撤消(U)/<选取对象修剪>:按 Enter 键执行命令

提示:1.trim 命令的一个对象既可以作为修剪边界,又可以作为修剪对象。

2.有一定宽度的多段线被修剪时,修剪的交点按其中心线计算,且保留宽度信息;宽多段线的终点仍然是方的,切口边界与多段线的中心线垂直。

3.通过选择栏或窗口框选等方式来选择要修剪的对象,增强了操作的简易性,提高了修剪效率。

4. trim 命令可以采用隐含边界。

3.2.9　对象的延伸

1. 命令功能

对象延伸(extend)命令用于将指定的对象延伸到指定的边界上。通常能用 extend 命令延伸的对象有圆弧、椭圆弧、直线、非封闭的 2D 和 3D 多段线、射线等。

2. 启动方法

绘图菜单:"修改"→"延伸"。

修改工具栏:延伸工具按钮✓。

命令行:extend(ex)。

操作步骤:

命令:extend↙

当前设置:投影=UCS,边=无

选择边界的边

选择对象或<全部选择>:　　　　　选择对象边界

执行 extend 命令后,系统提示:"选取边界对象作延伸<回车全选>",选取对象后,系统继续提示:"边缘模式(E)/围栏(F)/投影(P)/撤消(U)/<选取对象延伸>"

边缘模式(E)、围栏(F)、投影(P)的功能同 trim 命令。

撤消(U):取消由 extend 命令最近所完成的操作。

【例 3.21】　用 extend 命令分别延伸图 3.35(a)所示的四条直线与圆 C 相交,结果如图 3.35(b)所示。

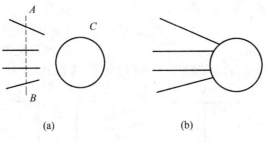

(a)　　　　　　　　　　　　(b)

图 3.35　延伸命令示例

具体操作过程如下:

命令:extend	执行 extend 命令
选取边界对象作延伸<回车全选>:点选圆 C	选取边界对象
选择集中的对象:1	提示已选择中的对象数
选取边界对象作延伸<回车全选>:	结束对象选择
边缘模式(E)/围栏(F)/投影(P)/<选取对象延伸>:f	键入 f
选择围栏方式围栏第一点:点取点 A	确定围栏第一点
围栏下一点:点取点 B	确定围栏第一点

围栏下一点： 结束围栏选择,执行命令

边缘模式(E)/围栏(F)/投影(P)/撤消(U)/<选取对象延伸>：结束命令

提示：1.用 extend 命令延伸具有一定宽度的多段线,当边界与多段线的中心线不垂直时,宽多段线会超出边界,直到其中心到达边界为止。如果宽多段线是渐变的,按原来的斜度延伸后其末端的宽度要出现负值,则该端的宽度将改为 0。

2.extend 命令可延伸一个相关的尺寸标注,当延伸操作完成后,其尺寸值也会自动修正。

3.射线可以朝一个方向延伸,而构造线不能用 extend 命令操作。

4.选择延伸对象时,应从拾取框靠近延伸对象边界的那一端来选择延伸对象。

3.2.10　对象的打断

1.命令功能

对象的打断(Break)命令用于将对象从某一点处断开或删除对象的某一部分。该命令可对直线、圆弧、圆、多段线、椭圆、射线、以及样条曲线等进行断开和删除某一部分的操作。简单的说,就是将图形对象从某点处断开,使之不再是一个完整的对象。

2.启动方法

绘图菜单："修改"→"打断"。

修改工具栏：打断工具按钮。

命令行：break(br)。

命令行提示与操作如下：

命令：break

选择对象： 可以用点选的方式选择操作对象

指定第二打断点或[第一点(F)]：f 执行"第一点"选项

指定第一打断点： 选择打断点

指定第二个打断点： 系统自动忽略此提示

【例 3.22】 用 Break 命令删除图 3.36(a)所示 AB 段,结果如图 3.36(b)所示。

图 3.36　用 break 命令删除图形

具体操作过程如下：

命令：break 执行 break 命令

选取打断对象：点选直线 AB,如图 3.36(a)所示 选择操作对象

第一打断点(F)/<第二切断点(S)>：f 选择第一切断点

第一打断点：捕捉 A 点	指定断开的第一点
第二打断点：捕捉 B 点	指定断开的第二点

提示：1. 可以将实体断为两部分，可以断开弧、圆、椭圆、线段、多段线、射线和直线。当使用该工具时必须两点断开。缺省情况下选择实体的点即为第一断开点；否则，可使用第一点选项选择第一断开点。

2. 将实体断开为两部分且不清除实体的一部分，确定第一切断点后，系统提示："第二切断点"，此时点击符号@来响应，而不是确定第二断开点。

3.2.11　分解对象

1. 命令功能

使用分解(explode)命令可以把复杂的图形对象或用户定义的块分解成简单的基本图形对象，这样就可以进行编辑图形了。

2. 启动方法

绘图菜单："修改"→"分解"。

标准工具栏：分解按钮▨。

命令行：explode。

启用"分解"命令后，根据命令行提示，选择对象，然后按 Enter 键，整体图形就被分解。

3.2.12　对象的偏移

1. 命令功能

对象的偏移(offset/OS)命令将直线、圆、多段线等作同心复制，对于直线而言，其圆心在无穷远，相当于平行移动一定距离进行复制。Offset 命令指定一定距离或一个点创建其形状与选定对象形状平行的新对象。偏移圆或圆弧可以创建更大或更小的圆或圆弧，取决于向哪一侧偏移。可以偏移：直线、圆弧、圆、椭圆和椭圆弧、二维多段线、构造线(参照线)和射线样条曲线。

2. 启动方法

绘图菜单："修改"→"偏移"。

修改工具栏：偏移工具按钮▨。

命令行：offset(o)。

命令行提示与操作如下：

命令：offset ↙

当前设置：删除源＝否图层＝源　　Offsettgaptype＝0

指定偏移距离或[通过(T)/删除(E)/图层(L)]<通过>：　　指定偏移距离值

选择要偏移的对象，或[退出(E)/放弃(U)]<退出>的点：　　选择要偏移的对象，按 Enter 键结束操作

指定要偏移的那一侧上的点，或[退出(E)/多个(M)/放弃(U)]<退出>：

　　　　　　　　　　　　　　　　　　指定偏移方向

选择要偏移的对象,或[退出(E)/放弃(U)] <退出>:

执行 offset 命令后,系统提示:"偏移:回车 经由点/<距离(D)>:",回车后提示:"经由点:",再回车,系统提示确定选择对象,接着提示:"经由点:",指定经由点。

距离(D):直接输入平移距离,或点选或键入两点坐标确定距离,系统提示:"选择对象",接着提示:"两边(B)/< 平移方向>:",键入 b,两边同时复制对象;或点击要平移的方向完成复制。

3.2.13　对象的旋转

1.命令功能

对象的旋转(rotate/ro)命令是按指定角度旋转对象,通过选择基点和相对或绝对的旋转角来旋转对象。

2.启动方法

绘图菜单:"修改"→"旋转"。

修改工具栏:旋转工具按钮 。

命令行:rotate(ro)。

快捷菜单:选择要旋转的对象,在绘图区右击,选择快捷菜单中的旋转命令。

命令行提示与操作如下:

命令:rotate

UCS 当前的正角方向:angdir = 逆时针 angbase = 0

选择对象:　　　　　　　　　　　　选择要旋转的对象

指定基点:　　　　　　　　　　　　指定旋转基点,在对象内部指定一个
　　　　　　　　　　　　　　　　　坐标点

指定旋转角度,或[复制(C)/参照(R)]<0>;　指定旋转角度或其他选项

执行 rotate 命令后,命令行提示:"选择旋转对象:"然后继续提示:"旋转点:",键入旋转点后,继续提示:"基准角度/<旋转角度>:"。

基准角度:系统指定当前参考角度。

rotate 命令用于将所选对象绕指定的基点旋转指定的角度。

【**例 3.23**】　用 rotate 命令将图 3.37(a)中的图形以点 C 为旋转基点,旋转−90°,结果如图 3.37(b)所示。

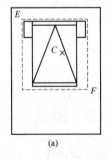
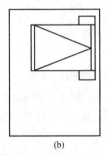

图 3.37　用 rotate 命令进行旋转

具体操作过程如下:

命令:rotate	执行 rotate 命令
选择旋转对象:点选点 E	指定窗选对象的第一点
另一角点:点选点 F	指定窗选对象的第二点
选择集中的对象:8	提示已选择对象数
选择旋转对象:	按 Enter 键结束对象选择
旋转点:点选点 C	指定旋转点
基准角度/<旋转角度>:−90	指定旋转角度
命令:	按 Enter 键结束命令

4. 说明

旋转点:旋转基点。

旋转角度:对象相对于基点的旋转角度,有正负之分,当输入正角度时,对象将沿逆时针旋转;反之则沿顺时针方向旋转。

旋转基点的选择与图样的具体情况有关,但是指定基点最好采用目标捕捉方式。

3.3　精确绘图

3.3.1　辅助定位

1. 图形显示控制

(1)图形显示缩放。

图形显示缩放是将屏幕上的对象放大或缩小其视觉尺寸,就像用放大镜或缩小镜观看图形一样,从而可以放大图形的局部细节,或者缩小图形观看其全貌。执行显示缩放后,对象的实际尺寸仍保持不变。

方法:①利用 zoom 命令实现缩放;②利用菜单命令或工具栏实现缩放。

AutoCAD 提供了用于实现缩放操作的菜单命令和工具栏按钮,利用它们可以快速执行缩放操作。"缩放"子菜单如图 3.38 所示。工具栏中"缩放"下拉菜单如图 3.39 所示。

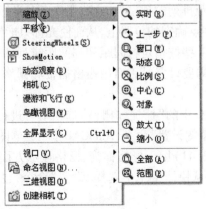

图 3.38　"缩放"子菜单

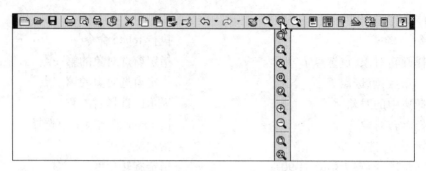

图 3.39　工具栏中"缩放"下拉菜单

（2）图形显示移动。

图形显示移动指移动整个图形，就像是移动整个图纸，以便使图纸的特定部分显示在绘图窗口。执行显示移动后，图形相对于图纸的实际位置并不发生变化。

方法：pan 命令用于实现图形的实时移动。执行该命令，AutoCAD 在屏幕上出现一个小手光标，并提示：按 Esc 或 Enter 键退出，或单击右键显示快捷菜单。同时在状态栏上提示："按住拾取键并拖动进行平移"。此时按下拾取键并向某一方向拖动鼠标，就会使图形向该方向移动；按 Esc 键或 Enter 键可结束 pan 命令的执行；如果右击，AutoCAD 会弹出快捷菜单供用户选择。此外，AutoCAD 还提供了用于移动操作的命令，这些命令位于"视图""平移"子菜单中，如图 3.40 所示，利用其可执行各种移动操作。

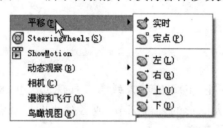

图 3.40　"平移"子菜单

2. 栅格捕捉、栅格

利用栅格捕捉，可以使光标在绘图窗口按指定的步距移动，就像在绘图屏幕上隐含分布着按指定行间距和列间距排列的栅格点，这些栅格点对光标有吸附作用，即能够捕捉光标，使光标只能落在由这些点确定的位置上，从而使光标只能按指定的步距移动。栅格显示是指在屏幕上显式分布一些按指定行间距和列间距排列的栅格点，就像在屏幕上铺了一张坐标纸。用户可根据需要设置是否启用栅格捕捉和栅格显示功能，还可以设置对应的间距。

利用"草图设置"对话框中的"捕捉和栅格"选项卡可进行栅格捕捉与栅格显示方面的设置。选择"工具"→"草图设置"命令，AutoCAD 弹出"草图设置"对话框，对话框中的"捕捉和栅格"选项卡（图 3.41）用于栅格捕捉、栅格显示方面的设置（在状态栏上的"捕捉"或"栅格"按钮上右击，从快捷菜单中选择"设置"命令，也可以打开"草图设置"对话框）。

对话框中，"启用捕捉"、"启用栅格"复选框分别用于启用捕捉和栅格功能。"捕捉间

图 3.41 "草图设置"对话框

距"、"栅格间距"选项组分别用于设置捕捉间距和栅格间距。用户可通过此对话框进行其他设置。

3. 正交功能

利用软件可以方便地绘制与当前坐标系统的 X 轴或 Y 轴平行的线段(对于二维绘图而言,就是水平线或垂直线)。

方法:单击状态栏上的"正交"按钮可快速实现正交功能启用与否的切换。

3.3.2 对象捕捉

在实际绘图中,经常要指定一些已有对象上的点,例如端点、圆心和两个对象的交点、圆心等。如果只凭观察来拾取,不可能非常准确地找到这些点。为此,AutoCAD 软件提供了对象捕捉功能,可以迅速、准确地捕捉到某些特殊点,从而精确地绘制图形。

1. 设置对象捕捉模式

在 AutoCAD 中,可以通过"对象捕捉"工具栏和"草图设置"对话框等方式来设置对象捕捉模式。AutoCAD 提供 16 种对象捕捉模式(图 3.42),在捕捉对象前,需要设置一种或多种对象捕捉模式。

(1)单点对象捕捉。

在任何命令中,当 AutoCAD 要求输入点时,就可以激活单一对象捕捉方式。单点对象捕捉方式中包含多项捕捉模式。

方法:在绘图区任意位置,先按住 Shift 键,再单击鼠标右键,将弹出一右键菜单,可从该菜单中单击相应捕捉模式(图 3.43)。

在"标准"工具栏中单击鼠标右键,在弹出的快捷菜单中选择"对象捕捉"命令,即可调出"对象捕捉"工具栏。

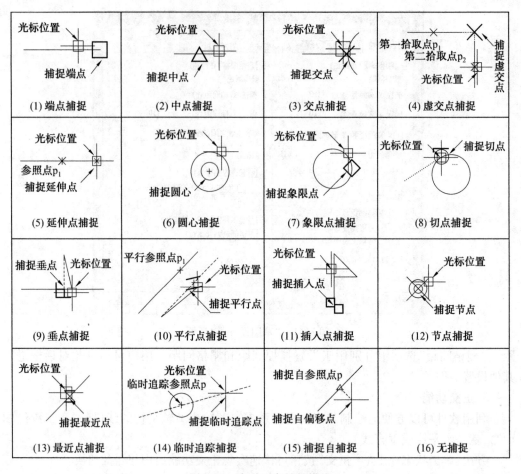

图 3.42　各种对象捕捉模式

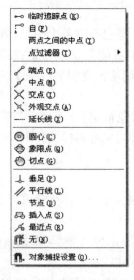

图 3.43　菜单栏对象捕捉

选择"视图"→"工具栏"菜单命令,在打开的对话框中选中复选框即可调用"对象捕捉"工具栏,如图 3.44 所示。

图 3.44　"对象捕捉"工具栏

(2)多点对象捕捉。

在拾取点时,永久设置对象捕捉模式。一次设置,只能捕捉多个点。

方法:ddosnap 命令,或在"草图设置"菜单(图 3.41)中点击对象捕捉选项卡,如图 3.45所示。

对象捕捉快捷菜单。

(3)单、多点捕捉切换。

单击状态条上的"OSNAP"贴片在单点和多点对象捕捉状态之间切换,单点对象捕捉优先。

2. 运行和覆盖捕捉模式

要打开或关闭运行捕捉模式,可单击状态栏上的"对象捕捉"按钮。设置覆盖捕捉模式后,系统将暂时覆盖运行捕捉模式。

3.3.3　自动追踪

在 AutoCAD 中,自动追踪可按指定角度绘制对象,或者绘制与其他对象有特定关系的对象。自动追踪功能分极轴追踪和对象捕捉追踪两种,是非常有用的辅助绘图工具。

1. 极轴追踪与对象捕捉追踪

极轴追踪是按事先给定的角度增量来追踪特征点。而对象捕捉追踪则按与对象的某种特定关系来追踪,这种特定的关系确定了一个未知角度。也就是说,如果事先知道要追踪的方向(角度),则使用极轴追踪;如果事先不知道具体的追踪方向(角度),但知道与其他对象的某种关系(如相交),则用对象捕捉追踪。极轴追踪和对象捕捉追踪可以同时使用。

2. 使用临时追踪点和捕捉自动功能

在"对象捕捉"工具栏中,还有两个非常有用的对象捕捉工具,即"临时追踪点"和"捕捉自动"工具。

3. 使用自动追踪功能绘图

(1)自动追踪。

使用自动追踪功能可以快速而精确地定位点,在很大程度上提高了绘图效率。在 AutoCAD 中,要设置自动追踪功能选项,可打开"选项"对话框,从弹出的"草图设置"对话框中选择"对象捕捉"选项卡,如图 3.45 所示(在状态栏上的"对象捕捉"按钮上右击,从快捷菜单选择"设置"命令,也可以打开此对话框)。

在"对象捕捉"选项卡中,可以通过"对象捕捉模式"选项组中的各复选框确定自动捕捉模式,即确定使 AutoCAD 将自动捕捉到哪些点;"启用对象捕捉"复选框用于确定是否

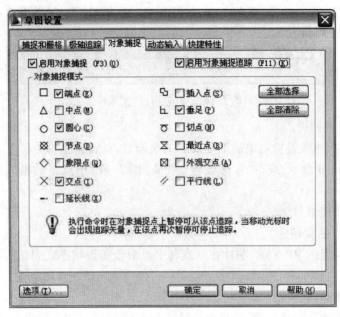

图 3.45 "对象捕捉"选项卡

启用自动捕捉功能；"启用对象捕捉追踪"复选框则用于确定是否启用对象捕捉追踪功能，在对象捕捉追踪状态，移动光标到某点附近，停留片刻，出现红色"+"标记，即为临时捕获点，一般捕获 2 个临时捕获点，如图 3.46 所示。

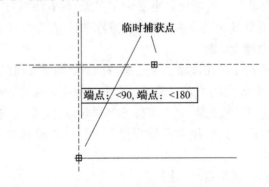

图 3.46 对象捕捉追踪示例

当捕捉到临时捕获点后，移动光标，将显示一条或多条通过临时捕获点的追踪路径（虚线），同时显示对象捕捉追踪的文字提示（捕捉模式、距离和角度等）。根据对象捕捉追踪设置，沿所确定的自动追踪路径，确定和拾取对象捕捉点。移动光标，拾取点，直接键入距离值，有绝对和相对极轴测量单位。如图 3.47 所示。

（2）极轴追踪。

极轴追踪，也称角度追踪，它是沿预先设置的角度增量和附加角度方向来追踪并定位点，显示极轴追踪路径（虚线）由角度增量和附加角度值控制。当 AutoCAD 提示用户指定点的位置时（如指定直线的另一端点），拖动光标，使光标接近预先设定的方向（即极轴追踪方向），AutoCAD 会自动将橡皮筋线吸附到该方向，同时沿该方向显示出极轴追踪矢

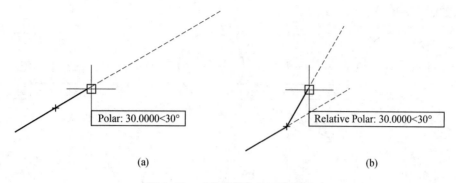

图 3.47　对象捕捉自动追踪示例

量,并浮出一小标签,显示当前光标位置相对于前一点的极坐标,如图 3.48 所示。

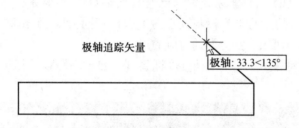

图 3.48　对象捕捉极轴追踪示例

可以看出,当前光标位置相对于前一点的极坐标为 33.3<135°,即两点之间的距离为 33.3,极轴追踪矢量与 X 轴正方向的夹角为 135°。此时单击拾取键,AutoCAD 会将该点作为绘图所需点;如果直接输入一个数值(如输入 50),AutoCAD 则沿极轴追踪矢量方向按此长度值确定出点的位置;如果沿极轴追踪矢量方向拖动鼠标,AutoCAD 会通过浮出的小标签动态显示与光标位置对应的极轴追踪矢量的值(即显示"距离<角度")。

打开"草图设置"对话框,选择"极轴追踪"选项卡(图 3.49),设置极轴追踪角度。用户根据需要设置即可。

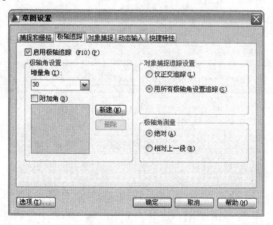

图 3.49　"极轴追踪"选项卡

对象捕捉追踪是对象捕捉与极轴追踪的综合应用。例如,已知图 3.50(a)中有一个圆和一条直线,当执行 line 命令确定直线的起始点时,利用对象捕捉追踪可以找到一些特

殊点,如图 3.50(b)、(c)所示。

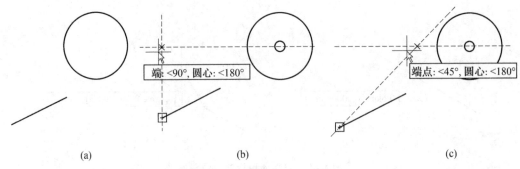

(a)   (b)   (c)

图 3.50 特殊点的对象捕捉

图中捕捉到的点的 X、Y 坐标分别与已有直线端点的 X 坐标和圆心的 Y 坐标相同。图 3.50(c)中捕捉到的点的 Y 坐标与圆心的 Y 坐标相同,且位于相对于已有直线端点的 45°方向。如果单击拾取键,就会得到对应的点。

打开"选项"对话框,选择"草图设置"标签,在"自动追踪设置区"设置追踪显示方式(图 3.51)。

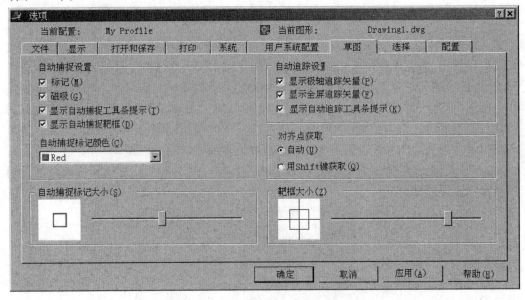

图 3.51 "自动追踪设置区"选项卡

□显示极轴追踪矢量

□显示全屏追踪矢量

□显示自动追踪提示

可以设置是否启用极轴追踪功能以及极轴追踪方向等性能参数,设置过程为:选择"工具"→"草图设置"命令,AutoCAD 弹出"草图设置"对话框,打开对话框中的"极轴追踪"选项卡,如图 3.51 所示,在状态栏上的"极轴"按钮上右击,从快捷菜单选择"设置"命令,也可以打开对应的对话框。

3.3.4 动态输入

"动态输入"在光标附近提供了一个命令界面,以帮助用户专注于绘图区域。打开"草图设置"对话框的"动态输入"选项卡,如图 3.52 所示。打开动态输入时,工具提示将在光标旁边显示信息,该信息会随光标移动动态更新。当某命令处于活动状态时,工具提示将为用户提供输入的位置。

在输入字段中输入值并按 Tab 键后,该字段将显示一个锁定图标,并且光标会受用户输入的值约束。随后在第二个输入字段将被忽略,且该值将被视为直接距离输入。

完成命令或使用夹点所需的动作与命令提示中的动作类似。区别是用户的注意力可以保持在光标附近。

动态输入不会取代命令窗口,可以隐藏命令窗口以增加绘图屏幕区域,但是在有些操作中还需要显示命令窗口。按 F2 键可根据需要隐藏和显示命令提示和错误信息。另外,也可以浮动命令窗口,并使用"自动隐藏"功能来展开或卷起窗口。

1. 打开或关闭动态输入

单击状态栏上的动态输入按钮以打开和关闭动态输入,按 F12 键可以临时关闭动态输入。动态输入有三个组件:指针输入、标注输入和动态提示。在上单击鼠标右键,然后单击"设置"以控制在启用"动态输入"时每个部件所显示的内容。

2. 启用指针输入

在"草图设置"对话框的"动态输入"选项卡中,选中"启用指针输入"复选框可以启用指针输入功能,"指针输入设置"对话框如图 3.53 所示。可以在"指针输入"选项区域中单击"设置"按钮,使用打开的"指针输入设置"对话框设置指针的格式和可见性。

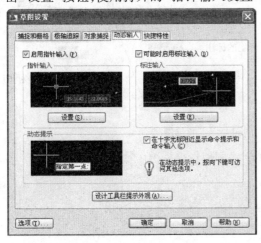

图 3.52 "动态输入"选项卡

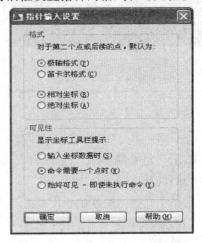

图 3.53 "指针输入设置"对话框

3. 启用标注输入

在"草图设置"对话框的"动态输入"选项卡中,选中"可能时启用标注输入"复选框可以启用标注输入功能。"标注输入的设置"对话框如图 3.54 所示。在"标注输入"选项区域中单击"设置"按钮,使用打开的"标注输入的设置"对话框可以设置标注的可见性。

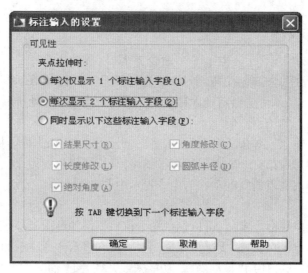

图 3.54 "标注输入的设置"对话框

启用标注输入时,当命令提示输入第二点时,工具提示将显示距离和角度值,如图 3.55所示。在工具提示中的值将随着光标移动而改变。按 Tab 键可以移动要更改的值。尺寸输入适用于 arc、circle、ellipse、line 和 plne 等命令。

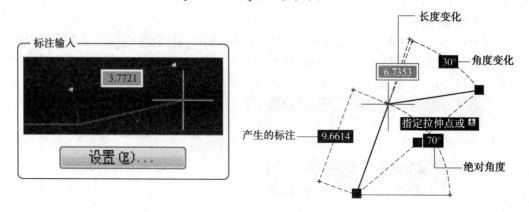

图 3.55 "标注输入"的示例

使用夹点编辑对象时,标注输入工具提示可能会显示以下信息:

☐旧的长度

☐移动夹点时更新的长度

☐长度的改变

☐角度

☐移动夹点时角度的变换

☐圆弧的半径

使用标注输入设置只显示用户希望看到的信息。

在使用夹点拉伸对象或在创建新对象时,标注输入仅显示锐角,即,所有角度都显示为小于或等于180°。因此,无论 ANGDIR 系统变量的设置(在"图形单位"对话框中设置)为何,270°角显示为90°。创建新对象时指定的角度需要根据光标位置来决定角度的正方向。

4. 显示动态提示

在"草图设置"对话框的"动态输入"选项卡中,选中"动态提示"选项区域中的"在十字光标附近显示命令提示和命令输入"复选框,可以在光标附近显示命令提示,如图 3.56 所示。

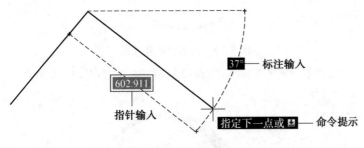

图 3.56　"动态输入"的示例

习　题

1. 如图 3.57 所示,把长度为 384 的直线按每 70 一段进行定距等分。

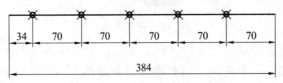

图 3.57　绘制定距等分点

2. 用动态输入命令绘制如图 3.58 所示的平行四边形 *ABCD*。

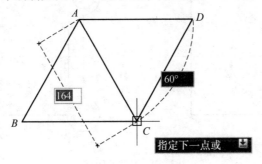

图 3.58　绘制平行四边形

3. 绘制三角形 *OAC* 和 *OBC* 的内切圆;绘制三角形 *ABC* 的外接圆。完成后的图形如图 3.59 所示。

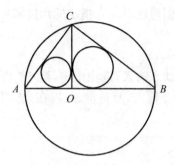

图 3.59　内切圆和外接圆

4.绘制多段线,其中:线宽在 B、C 两点处最宽,宽度为 10;A、D 两点处线宽为 0。完成后图形如图 3.60 所示。

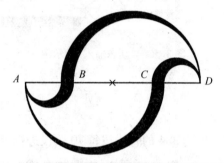

图 3.60　多段线图样

5.根据所学过的编辑命令,将图 3.61(a)所示的图形变换成图 3.61(b)所示的图形。

（提示:编辑步骤→将中间两个圆平移到长方形角点→复制到其他三个角点→将最小圆复制到左侧直线两端→阵列中间小圆和中心线→镜像）

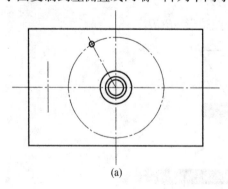
(a)

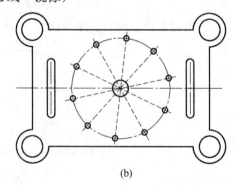
(b)

图 3.61　习题 5 图样

6.根据所学过的编辑命令,将图 3.62(a)所示图形变换成图 3.62(b)所示图形。

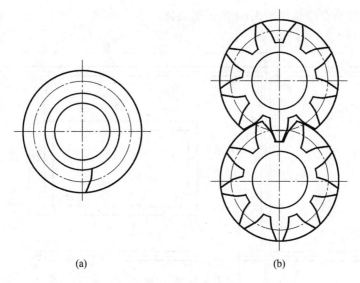

(a)　　　　　　　　　　　　(b)

图 3.62　习题 6 图样

7. 利用对象捕捉绘制如图 3.63 图样(不需要标注尺寸)。

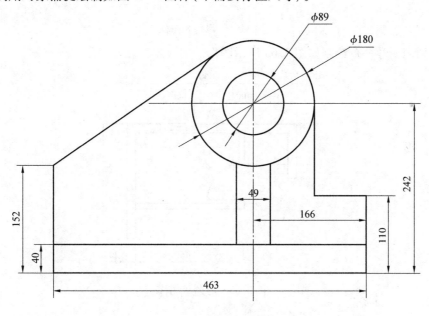

图 3.63　习题 7 图样

8. 利用多线命令绘制如图 3.64 所示的墙体。

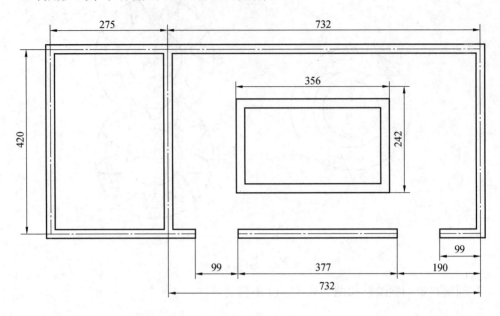

图 3.64 习题 8 图样

9. 利用所学命令绘制如图 3.65 所示图形。

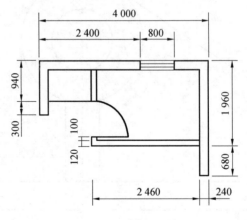

图 3.65 习题 9 图样

第 **4** 章

CAD 二维绘图高级命令

【内容提要】在使用 AutoCAD 绘制工程施工图时,虽然可以比较清晰地表达设计人员的思想和意图,但在一个完整的图样中,除了包含各种视角的工程图形外,仍然少不了要对图形对象进行一些必要的文字说明和尺寸标注,以表达工程图形的各种信息,它可以是工程制图的结构说明、技术要求、标题行、明细表、甚至是图形的一部分等,这样才能使施工人员准确无误、高效快捷地按照设计人员的要求进行施工操作。本章将学习如何在图形中标注文字、设置尺寸、标注尺寸的方法及修改、绘制表格。

【学习目标】熟练掌握在图形中标注文字、尺寸及修改,能够绘制表格、并对表格样式做相应更改。

4.1 文字与表格

标注文本常常使用"文字"工具栏,AutoCAD 2010 的"文字"工具栏如图 4.1 所示。

图 4.1 "文字"工具栏

其中:

创建多行文字对象 mtext;

输入文字并在屏幕上显示 dtext(单行文字对象);

编辑文字、标注文字和属性定义 ddedit;

查找、替换、选择或缩放到指定的文字 find;

检查选定文字的拼写 spell;

在图形中创建、修改或设置命名文字样式 style;

缩放选定的文字对象 scaletext;

设置选定文字的对正方式 justifytext;

将距离或高度在模型空间和图纸之间转换 spacetrans。

4.1.1　设置文字样式

当输入文字对象时,AutoCAD 通常使用当前设置的文字样式(Style),也可以根据具体要求重新设置文字样式或者创建新的样式。文字样式包括图形中文字对象的字体、大小、和显示效果等参数,用户可以定义多个文字样式,在创建不同类型文字对象时选择使用。

1. 激活文字样式的方法

(1)从"格式"下拉菜单中选择"文字样式"选项;

(2)点击"文字"工具栏中的图标按钮;

(3)单击功能区选项卡中的"注释"项,文字控件台中的图标;

(4)在命令行直接键入 st 或 style。

2. 命令的使用

执行上述命令后,AutoCAD 弹出如图 4.2 所示的"文字样式"对话框。对话框中各选项的含义如下:

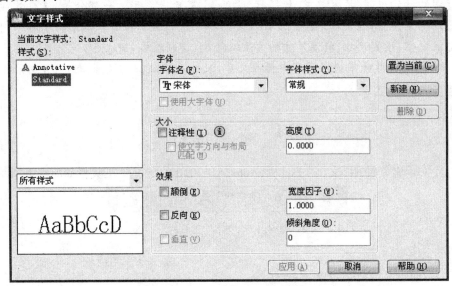

图4.2　"文字样式"对话框

(1)"当前文字样式"。显示当前文字样式。

(2)"样式"列表框。该列表显示图形中所有已设定的文字样式名或对已有样式名进行相关操作,并默认显示选择的当前样式。该选项区域用于显示文字样式的名字、创建新的文字样式、为已有的文字样式更名或者删除文字样式。要更改当前样式,请从列表中选择另一种样式或选择"新建"以创建新样式。"新建文字样式"对话框如图 4.3 所示,在该对话框中,可以为新建的文字样式输入名称。从"样式"列表框中选中要改名的文本样式右击,选择快捷菜单中的"重命名"命令,如图 4.4 所示,可以为所选文本样式输入新的名称。

样式名称可以包括字母、数字以及特殊字符。例如,下划线(_)和连字符(-)。

（3）样式列表过滤器。下拉列表指定所有样式还是仅使用中的样式显示在样式列表中。

（4）预览。"预览"选项区域用于预览所选择或者所设置的文字样式效果，可以在文本框中输入要预览的字符，然后单击"预览"按钮，AutoCAD 将输入的字符按当前文字样式显示在预览框中。

（5）字体。列出所有注册的 TrueType 字体和 Fonts 文件夹中编译的形（shx）字体的字体族名。该选项区域用于设置文字样式使用的字体属性，用户可以通过"字体名"下拉列表框来选择字体，同时还可以通过"字体样式"下拉列表框选择文字的格式（如斜体、粗体、常规等）。"使用大字体"复选框：用于指明使用汉字。只有选中该复选框后，"字体样式"项才有效。

（6）大小。设置文字的大小。

图 4.3　"新建文字样式"对话框　　　　图 4.4　重命名文字样式

"注释性"复选框：选择它指定文字为 Annotative。单击信息图标以了解有关注释性对象的详细信息。（该项是 AutoCAD 2010 的新增功能）

"使文字方向与布局匹配"复选框：指定图纸空间视口中的文字方向与布局方向匹配。如果清除"注释性"选项，则该选项不可用。

"高度"编辑框：该选项用于设置文字的高度，如将其设置为 0，则用户在输入文本时将提示指定文本高度。如果希望将该文本类型用作尺寸文本类型，则高度值必须设置为零，否则，用户在设置尺寸文本类型时所设定的文本高度将不起作用。

（7）效果。该选项区域用于设置文字的显示特征。

"颠倒"复选框：颠倒显示字符。

"反向"复选框：反向显示字符。

"垂直"复选框：显示垂直对齐的字符。

"宽度因子"编辑框：设置字符间距。输入小于 1.0 的值将压缩文字，输入大于 1.0 的值则放大文字。

"倾斜角度"编辑框：该选项用于指定文字的倾斜角度，向右倾斜时，角度为正，反之角度为负。该选项与 text 命令中"旋转角度（R）："的区别在于："倾斜角"编辑框是指文本中每个文字的倾斜度，而 text 命令"旋转角度（R）"是指文本的倾斜度。

（8）置为当前。将用户选定的样式设置为当前。

（9）新建。该按钮用于创建新的文字样式。单击"新建"按钮，AutoCAD 弹出如图4.3

所示的"新建文字样式"对话框,用户可通过"样式名"文本框输入新文字样式的名字。若要修改已有文字样式名字,则在"样式"列表下要修改的文字样式处单击右键,选择重命名,如图4.4所示。

(10)删除。该按钮将某一已有的文字样式删除。从"样式名"下拉列表框中选择要删除的文字样式,点击"删除"按钮,AutoCAD弹出对话框提示是否删除,确认删除后,选择的样式就被删除。

(11)应用。单击"应用"按钮接受用户对文字样式的设置,将对文本类型进行的调整应用于当前图形。

在实际绘图时,为了使图形易于阅读,人们经常需要为图形增加一些注释说明,因此,用户必须知道如何在图中放置文字以及文本类形的选择和设置。

提示:文字样式是可以删除的,但是已经被使用的是不能被删除的,AutoCAD系统为用户提供的Standard默认文字样式不能被删除。

4.1.2 标注文本

在绘制图形的过程中,文字传递了很多信息,它可以是一个复杂的或是简单的文字信息。AutoCAD提供了3个命令(text、dtext和mtext)用于在图中修改、放置文本,下面将分别详细介绍这3个命令。

1. 创建单行文本标注[Text(dtext)]

利用text命令可创建一行或多行文字,在每行结束处都需要按Enter键。其中,每行文字都是独立的对象,用户可以调整格式、重新定位或修改其内容。

(1)激活单行文本text(dtext)命令的方法:

①点击"文字"工具栏中的[A]图标按钮;

②从"绘图"下拉菜单中选择"文字"子菜单中的"单行文字"选项;

③在命令行直接键入text或dtext或dt。

(2)命令的使用。

激活命令后,命令行出现提示,响应过程如下:

命令:text

当前文字样式:"Standard"文字高度:2.0000

指定文字的起点或[对正(J)/样式(S)]:

选项说明:

①指定文字的起点:此时用户直接在绘图区域选择一点作为文本的起始点位置,命令行提示如下:

指定高度:<2.0000>:　　　确定文字的高度,既可显示默认的高度,也可指定高度

指定文字的旋转角度<0>:　确定文本行的倾斜角度

输入文字:　　　　　　　　直接输入文字

输入文字:　　　　　　　　输入下一行文字或按Enter键完成文字输入

执行上述命令后,即可在指定的位置输入文字,输入后按Enter键,文本文字另起一行并可继续输入文字,文字输入完成后按两次Enter键,退出text命令。

②对正(J)选项:在"指定文字的起点或"对正(J)/样式(S)""提示下输入"J",用以确定文本的对齐方式,AutoCAD提示如下:

输入选项[对齐(A)/调整(F)/中心(C)/中间(M)/右(R)/左上(TL)/中上(TC)/右上(TR)/左中(ML)/正中(MC)/右中(MR)/左下(BL)/中下(BC)/右下(BR)]

其中:a. A(对齐):可确定文本串的起点和终点,AutoCAD调整文本高度以使文本放在两点之间。

b. F(调整):确定文本串的起点、终点,不改变高度,AutoCAD调整宽度系数以使文本适于放在两点之间。

c. C(中心):确定文本串基线的水平中点。

d. M(中间):确定文本串基线的水平和竖直中点。

e. R(右):确定文本串基线右端点。

f. TL(左上):文本对齐在第一个字符的文本单元的左上角。

g. TC(中上):文本对齐在文本单元串的顶部,文本串向中间对齐。

h. TR(右上):文本对齐在文本串最后一个文本单元的右上角。

i. ML(左中):文本对齐在第一个文本单元左侧的垂直中点。

j. MC(正中):文本对齐在文本串的垂直中点和水平中点。

k. MR(右中):文本对齐在右侧文本单元的垂直中点。

l. BL(左下):文本对齐在第一个文字单元的左角点。

m. BC(中下):文本对齐在基线中点。

n. BR(右下):文本对齐在基线的最右侧。

在此提示下选择一个作为文本的对齐方式。当文字水平排列时,AutoCAD为标注文本的文字定义了如图4.5所示的顶线、中线、基线和底线。

图4.5　文本的对齐方式

③样式(S)选项,在"指定文字的起点或[对正(J)/样式(S)]"提示下输入"S",用以显示当前文字的样式名称或指定文字样式,AutoCAD提示如下:

输入样式名或[?]<Standard>:

此时如果用户输入"?"则可以查询当前存在的文字样式,AutoCAD提示如下:

输入要列出的文字样式<＊>:

用户如按Enter键确认,则AutoCAD自动弹出如图4.6所示的"文本窗口"。

④如在"指定文字的起点:"提示下按Enter键将跳过高度和旋转角度的设置提示,此时用户可以在文字输入框中直接输入文字。而且在此过程中可以随时改变文本的位置,只要将光标移到新的位置点击,则结束当前行的操作,随后在新的位置输入文字。用这种方法,用户可以点击绘图区域内的任何位置重新输入文字。

由上述操作可知,text命令可以创建一行或者多行文本文字,即此命令可以标注多行文本,此时的多行文字中每一行都是一个对象,用户可以单独修改其文本样式、字高、旋转角度、对齐方式等,但不能对其同时进行操作。

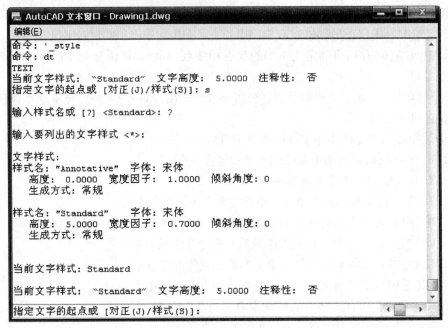

图 4.6　文本窗口

2. 创建多行文本标注(mtext)

mtext 命令比 dtext 和 text 命令更为实用,功能也更强大。用 mtext 命令可以在图中创建段落文本,然后可以使用"文字格式"编辑器来设置多行文字的样式、字体、大小等属性。

(1)激活 mtext 命令的方法。

①点击"文字"工具栏或"绘图"工具栏中的 A 图标按钮;

②从"绘图"下拉菜单中选择"文字"子菜单中的"多行文字"选项;

③在命令行直接输入 mtext 或 mt。

(2)命令的使用。

激活命令后,命令行出现提示,响应过程如下:

命令:mtext

当前文字样式:"Standard" 文字高度: 2.5 注释性: 否

指定第一角点:

指定对角点或[高度(H)/对正(J)/行距(L)/旋转(R)/样式(S)/宽度(W)/栏(C)]:

选项说明:

①指定对角点,用户在绘图区直接指定两个点作为矩形文字编辑框的两个角点,它的宽度作为要标注的多行文字的宽度,第一个角点作为第一行文字顶线的起点。此时就打开了"文字格式"编辑器,如图 4.7 所示。可以利用此编辑器中的文字输入窗口输入多行

文本文字,并使用其编辑功能对文字各种属性进行设置,以达到想要的效果。

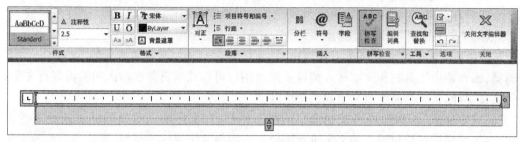

图 4.7　"文字格式"编辑器

②高度(H)选项,选择此选项,AutoCAD 命令行提示如下:

指定高度 <2.5>:

用户在此可以指定用于多行文字字符的文字高度或直接按 Enter 键选择默认值。

③对正(J)选项,选择此选项,AutoCAD 命令行提示如下:

输入对正方式[左上(TL)/中上(TC)/右上(TR)/左中(ML)/正中(MC)/右中(MR)/左下(BL)/中下(BC)/右下(BR)] <左上(TL)>:

在此输入与用户要求相应的文字对正方式,各个选项的意义与前面所说的 text 单行文字中的相应选项相同。当确定一种对正方式后按 Enter 键,系统会自动返回到上一级提示。

④行距(L)选项,选择此选项,AutoCAD 命令行提示如下:

输入行距类型[至少(A)/精确(E)] <至少(A)>:

用户在此可以指定多行文字对象的行间距。这里所指的行间距是相邻两行文本文字的底部(或基线)之间的垂直距离。在提示中有两种确定行间距的方式,"至少"和"精确",其中,"至少"指系统根据每行文本中最大字符的高度自动调整行间距,高字符的文字行会自动加大行间距。"精确"指系统强制为多行文字对象赋予一个固定的行间距,使所有文字行的行间距相等。间距由对象的文字高度或文字样式决定。

⑤旋转(R)选项,选择此选项,AutoCAD 命令行提示如下:

指定旋转角度 <0>:

用户在此指定文本行的倾斜角度,输入角度后按 Enter 键,系统返回到"指定对角点或[高度(H)/对正(J)/行距(L)/旋转(R)/样式(S)/宽度(W)/栏(C)]:"的提示。

⑥样式(S)选项,选择此选项,AutoCAD 命令行提示如下:

输入样式名或[?] <Standard>:

用户在此可以指定多行文字的文字样式,与前面单行文字输入选项的用法类似。

⑦宽度(W)选项,选择此选项,AutoCAD 命令行提示如下:

指定宽度:

用户在此可以指定文本的宽度,即所输入文字的边界宽度。可在此处输入一个数值,精确设置多行文本的宽度;也可在绘图区选择一点,与前面确定的第一个角点组成一个矩形框的宽作为多行文本的宽度。

⑧栏(C)选项,选择此选项,AutoCAD 命令行提示如下:

输入栏类型[动态(D)/静态(S)/不分栏(N)] <动态(D)>:

用户在此可以将多行文字设置为多栏。可以指定栏和栏间距的宽度、高度及栏数。

(3)"文字格式"编辑器说明。

在指定了多行文本行的起点和宽度后,系统就会打开如图 4.7 所示的"文字格式"编辑器,编辑器由工具栏和文字输入窗口组成。用户可以在编辑器中输入和编辑多行文字,包括文字样式、文字高度及文字倾斜角度等。

"文字格式"编辑器用来控制文字的显示特性,在文字输入窗口可以输入所需的文字,在工具栏中可以对输入的文字进行编辑。在编辑文字属性的时候,要注意当前的文字必须在选中的状态下,才能进行属性编辑。当然也可以在进行文字编辑之前先将需要的文字属性设置好,再输入文字,此时的文字将自动套用已设置好的属性。

(4)选择文本的方式有以下 3 种:

①鼠标操作:将光标定位在需要编辑的文本文字开始处,按住鼠标左键,拖到文本结尾处;

②双击:双击某个文字则选中这个文字;

③3 击鼠标:3 次单击鼠标左键则选中全部文本文字。

(5)工具栏中部分选项的功能介绍。

①"文字高度"下拉列表框:用于确定文本文字的字符高度,可在此下拉列表框中选择已有的高度值,也可在文本编辑器中设置新的字符高度。

②"B"按钮,用于设置文字是否加粗,"I"用于设置文字是否斜体,但这两个按钮只对 TrueType 字体有效。

③"U"按钮,用于设置或取消文字的下划线,"O"用于设置或取消文字的上划线。

④"@"按钮:"符号"按钮,用于输入各种符号,当用户单击此按钮时,系统打开如图 4.8 所示的符号列表,可以从中选择符号输入到文本中去。

⑤插入字段按钮,用于插入一些常用或预设字段,当用户单击此按钮时,系统打开如图 4.9 所示的"字段"对话框,可以从中选择字段插入到标注文本中去。

(6)"文字格式"编辑器中的文字输入窗口。

文字输入窗口中各按钮的布局及功能说明如图 4.10 所示。

用户在文字输入窗口中或是绘图区域内右键单击将出现快捷菜单,如图 4.11 所示。

其中各命令的功能如下:

①插入字段:执行此命令,将打开"字段"对话框,可选择需要插入的字段,如图 4.9 所示。

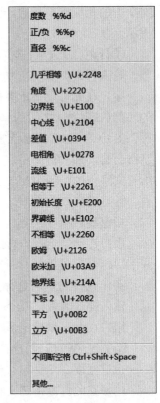

图 4.8　符号列表

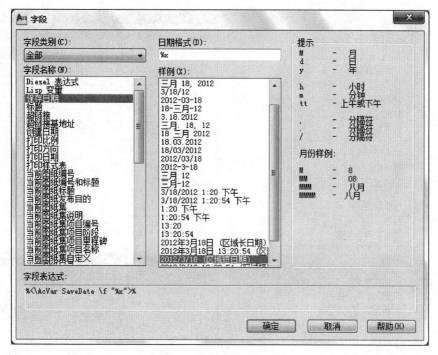

图 4.9　"字段"对话框

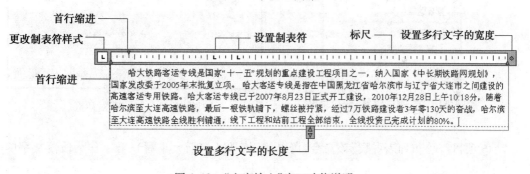

图 4.10　"文字输入"窗口功能说明

②符号：可以在实际绘图中插入一些特殊的字符，例如度数、正负号和直径等，当然用户可以点击其中的"其他"自选项，此时 AutoCAD 弹出符号映射表对话框，如图 4.12 所示。

从中选择需要的字符后，点击"选择"后再点击"复制"并关闭对话框，在文字输入窗口粘贴即可。

③段落对齐：选择该菜单中的选项，可以设置段落的对齐方式。

④段落：选择该命令，打开段落对话框，如图 4.13 所示。在此对话框中可以设置缩进和制表位位置。

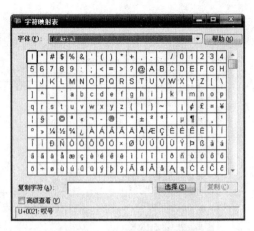

图 4.12 "字符映射表"对话框

图 4.11 "文字编辑器"快捷菜单

图 4.13 "段落"对话框

⑤项目符号和列表:执行该命令,可以使用字母(包括大小写)、数字作为段落文字的项目符号。

⑥查找和替换:用于搜索或替换指定的字符串,也可以设置查找条件,例如是否全字匹配、是否区分大小写等,其使用类似于一般常用的查找和替换工具的使用。

⑦全部选择:可以直接选择当前窗口中的文字,以便后面的属性修改。

⑧改变大小写:可以使选中的输入窗口中的文字改变为大写或小写。

⑨自动大写:可以使后面输入的文字自动为大写,但不改变选中的前面文字的大小写。

⑩删除格式:可以删除文字中应用的格式。

⑪合并段落:可以合并选中文字的段落,并用空格代替每段的回车符。

⑫背景遮罩:可以设置是否使用背景遮罩、边界偏移因子(1～5)以及背景遮罩的填充颜色。

⑬输入文字:可以导入其他程序中已经编辑好的文本文件,默认为".txt"文本文件,也可以是".rtf"富文本文件。

另外,在文字输入窗口中的标尺上单击右键可以出现"段落"和"设置多行文字宽度"和"设置多行文字高度"的快捷键。其中"段落"同前面的快捷键,而当点击"设置多行文字宽度"选项时,弹出"设置多行文字的宽度"对话框,从中可以设置多行文字的宽度。

在多行文字(mtext)命令中还可以直接使用 Word 等文本编辑软件进行编辑。

AutoCAD 2010 的文字编辑器与 Microsoft Word 编辑器的界面相近,而且在功能上也与 Word 编辑器相类似,这不仅增强了 AutoCAD 中文字的编辑功能,同时也让初学 AutoCAD 的用户不感到陌生并能快速适应文字编辑方法和方便使用。

提示:对于 text 文本类型而言,其字体是唯一的,即所有使用该类型的文本都使用该字体,但是对于 mtext 而言,即使使用同一种文本类型,用户也可以为不同的段落设置不同的字体。当用户更改了文本类型的"颠倒"和"反向"特性后,已使用该文本类型创建的文本将受其影响,而宽度比例、倾斜角度设置仅对新输入的文字有影响。

4.1.3　编辑文字

文字的编辑主要涉及文本内容的修改和文本特性的设置,用户可以像修改其他对象一样修改文本内容、字体高度、文字旋转角度以及字体等。

1. 激活编辑文字(ddedit)命令的方法

(1)点击"文字"工具栏的 图标按钮;

(2)从"修改"下拉菜单中选择"对象"子菜单进入"文字"下一级子菜单从中选择"编辑"选项;

(3)在命令行直接输入 ddedit 或 ed。

2. 命令的使用

激活 ddedit 命令后,命令提示行出现提示,用户可根据需要对 AutoCAD 作出响应,响应过程说明如下:

命令:ddedit

选择注释对象或[放弃(U)]:

用户在此状态下,可以点选需要修改的文字对象,如果要修改的文字是用 text 命令创建的单行文字,则深显该文本,此时就可直接对文字进行修改。如果需要修改的文字是用 mtext 创建的多行文字,则选择对象后就会弹出如图4.7所示的"文字格式"编辑器。用相应的方法就可以按照用户的需要进行修改了。

提示:如何替换找不到的原文字体?

复制要替换的字库为将被替换的字库名,如:打开一幅图,提示未找到字体 jd,想用 hztxt. shx 替换它,那么可以去找 AutoCAD 字体文件夹(font)把里面的 hztxt. shx 复制一份,重新命名为 jd. shx,然后在把它放到 font 里面,再重新打开此图就可以了。之后如果打开的图包含 jd 字体而电脑里没有,就再也不会不停地提示找字体替换了。

4.1.4　设置表格样式

在以前的 AutoCAD 版本中,要绘制表格必须采用绘制图线或图线结合偏移、复制等编辑命令来完成,这样的操作过程繁琐而复杂,且影响绘图的效率。AutoCAD 2010 新增加了绘制表格功能,有了这个功能,创建表格就变得非常容易,用户可以直接插入设置好样式的表格,而不用绘制由单独图线组成的表格。

同文字样式一样,所有 AutoCAD 图形中的表格都有与其相对应的表格样式。当用户想插入表格对象时,系统使用当前设置的表格样式,表格样式是用来控制表格基本形状和间距的一组设置。表格的模板文件 acad. dwt 和 acadiso. dwt 中定义了名为"Standard"的默认表格样式。

1. 激活 tablestyle 命令的方法

(1)单击"样式"工具栏的▣图标按钮;

(2)从"格式"下拉菜单中选择"表格样式"选项;

(3)在命令行直接输入 tablestyle。

2. 命令的使用

激活 tablestyle 命令后,系统打开"表格样式"对话框,如图 4.14 所示。

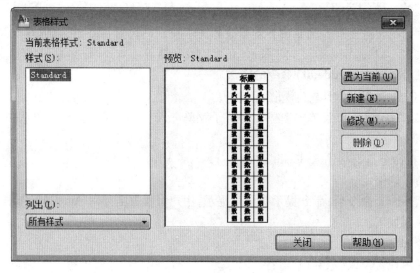

图 4.14　"表格样式"对话框

选项说明:

(1)"新建"按钮。单击该按钮,系统打开"创建新的表格样式"对话框,如图 4.15 所示。当用户输入新的表格样式名后,单击"继续"按钮,系统打开"新建表格样式"对话框,如图 4.16 所示,用户从中可以定义新的表格样式。

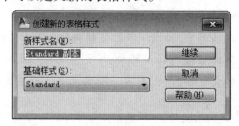

图 4.15　"创建新的表格样式"对话框

"新建表格样式"对话框中的"单元样式"下拉列表框中有 3 个重要的选项:"标

题"、"表头"和"数据",分别控制表格中的总标题、列标题和数据的有关参数,如图 4.16 所示。

下面就对这 3 个选项进行介绍。

图 4.16　"新建表格样式"对话框

①"常规"选项卡。控制数据栏格与标题栏的上下位置关系。

②"文字"选项卡。用户可以单击此选项卡,在"文字样式"下拉列表框中可以选择已定义的文字样式并应用于数据文字,也可以单击右侧的 按钮,重新定义文字样式。其中,"文字高度"、"文字颜色"和"文字角度"各选项设定的相应参数格式可供用户选择。

③"边框"选项卡。选项卡中的"线宽"、"线型"和"颜色"下拉列表框控制边框线的线宽、线型和颜色。"双线"是将边框界线变为双线。下面的边框线按钮是控制数据边框线的形式,例如绘制所有数据边框线、只绘制数据边框外部边框线、只绘制数据边框内部边框线、只绘制底部(上部、左侧、右侧)边框线、无边框线等。

(2)"修改"按钮。对当前表格样式等进行修改,其具体的操作方法与新建表格样式相同。

4.1.5　创建表格

当设置好表格样式以后,用户就可以利用 table 命令进行表格的创建。

1. 激活 table 命令的方法

(1)单击"样式"工具栏的 图标按钮;

(2)从"绘图"下拉菜单中选择"表格..."选项;

(3)在命令行直接输入 Table。

2. 命令的使用

激活 Table 命令后,系统打开"插入表格"对话框,如图 4.17 所示。

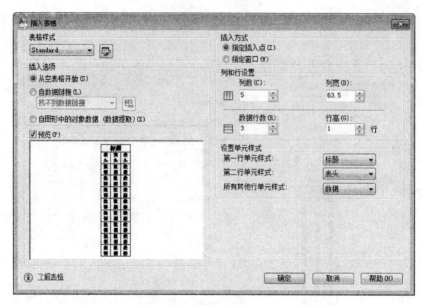

图 4.17 "插入表格"对话框

选项说明：

(1)"表格样式"下拉列表框。用户可以在此列表框中选择一种表格样式,也可以通过单击右侧的 🖳 按钮新建或修改表格的样式。

(2)"插入方式"选项组。

①"指定插入点"单选按钮。用户在插入表格中指定表格左上角的位置。可以使用定点设置,也可以在命令行输入坐标值来确定表格的位置,另外,"左上角"的位置还与表格的方向设置有关,例如,在"表格样式"对话框中将表格的方向设置为由下而上读取时,则插入点位于表格的左下角。

②"指定窗口"单选按钮。用户指定表格的大小和位置。可以使用定点设置,也可以在命令行输入坐标值来确定表格的位置。使用此按钮,表格的列数、列宽、数据行数和行高都将取决于窗口的大小以及列和行的设置情况。

(3)"列和行设置"选项组。用户指定表格的列和行的数目以及列宽与行高。需要注意的是当在"插入方式"选项组中点选"指定窗口"单选按钮后,列与行设置的两个参数中只能指定一个,另外一个由指定窗口的大小自动等分来确定。

在"插入表格"对话框中将表格的相应参数设定好以后,单击"确定"按钮,系统在用户指定的插入点或窗口自动插入一个表格,并同时打开多行文字编辑器,此时用户可以逐行逐列输入相应的文字或数据,如图 4.18 所示。

提示：对于表格的处理,Excel 的表格制作功能是非常强大的,用户可以先在 Excel 中完成表格然后将表格放入 CAD 中,步骤为：

1.在 Excel 中制完表格,选择表格复制到剪贴板；

2.选择 AutoCAD"编辑"下拉菜单中的"选择性粘贴",选择"AutoCAD 图元",此时表格即转化为 AutoCAD 实体。

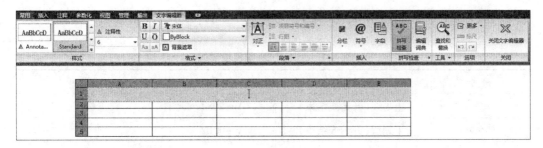

图 4.18　表格的文字编辑器

4.1.6　编辑表格

表格建立完成后,需要对其进行内容填写和完善,即编辑表格(tabledit)。用户可以单击表格上的任意网格线以选中该表格,然后使用鼠标拖动夹点来修改该表格,如图4.19所示。

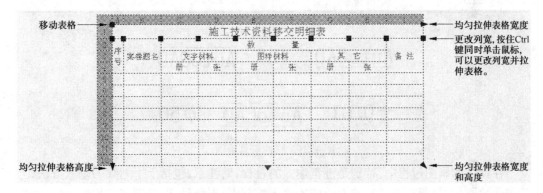

图 4.19　表格控制的夹点

在表格中单击某一单元格,即可选中该单元格,其效果如图 4.20 所示。若要选择多个单元格,一是用户可先单击并在多个单元格上拖动;二是先单击单元格,按住 Shift 键并在另外一个单元格内单击,此时用户就选中了以这两个单元格连线为对角线的矩形区域以内的所有单元格。

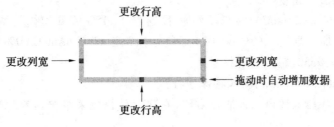

图 4.20　选中的单元格

4.1.7　特殊符号

在实际绘图时,有时需要标注一些特殊字符,例如上划线或下划线、直径符号、正负符号等,这些符号不能从键盘上直接输入,为了达到绘图要求,AutoCAD 提供了一些控制码

实现这些功能。控制码用两个百分号(％％)加一个字符构成,常用的控制码及功能见表4.1。

表 4.1　AutoCAD 常用控制码

符号	功能	符号	功能
％％o	上划线(开始或结束)	\u+2082	下标2
％％u	下划线(开始或结束)	\u+00B2	平方
％％d	"度"(°)	\u+00B3	立方
％％p	正负符号(±)	\u+2260	不相等(≠)
％％c	直径符号(φ)	\u+2126	欧姆(Ω)
％％％	百分号(%)	\u+2104	中心线(⌊)
\u+2248	约等于(≈)	\u+0394	差值(Δ)
\u+2220	角度符号(∠)	\u+2261	标识(≡)

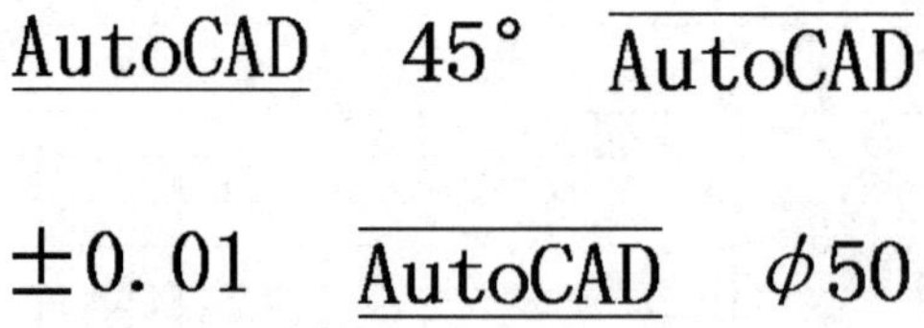

$$\underline{\text{AutoCAD}} \quad 45° \quad \overline{\text{AutoCAD}}$$

$$\pm 0.01 \quad \overline{\underline{\text{AutoCAD}}} \quad \phi 50$$

图 4.21　特殊符号示例

在具体的画图过程中,特别是键盘输入的过程,请注意:包括上下划线的输入方法,上下划线的添加,都要在开始和结束的位置输入控制码,正负号、度等则要记住控制码,由控制码直接输入。例如图4.21所示的图形,其绘制过程如下:

命令:dtext(简写成 dt 也可以)

指定文字的起点或[对正(J)/样式(S)]:

指定高度<5.0000>:

指定文字的旋转角度<0>:

键盘输入:％％uAutoCAD％％u(加下划线)、45％％d(输入度符号)、％％oAutoCAD％％o(加上划线)、％％p0.01(正负号)、％％u％％oAutoCAD％％o％％u(同时加上下划线)、％％c50(输入直径符号)。

提示:在 AutoCAD 中如何输入特殊字符?

1.在多行文字输入区内点击鼠标右键,在弹出的快捷菜单中选择"符号",在其中选择需要的字符;

2.也可以在多行文字输入区内点击鼠标右键,在弹出的快捷菜单中选择"符号"子菜单中的"其他",弹出"字符映射表",从中选择需要的特殊字符即可。

4.2　尺寸标注

尺寸标注是 AutoCAD 的一项重要的功能,使用尺寸标注能够明确图形各部分的大小以及相互关系,AutoCAD 2010 提供了各种类型的尺寸标注样式,对尺寸标注方面的功能进行了很多增强。它不仅包含了直径、半径、线性、圆弧、公差等标注命令,在此基础上又增加了尺寸标注的注释性、标注间距、折弯线性和标注打断等功能。

4.2.1　尺寸标注的基础知识

1.尺寸的组成

在通常情况下,一个完整的尺寸标注由尺寸线、尺寸界线、箭头、标注文字四个部分组成,如图 4.22 所示。通常 AutoCAD 将这四个部分作为一个块来处理,所以一个尺寸标注一般为一个对象。下面分别介绍这四个组成部分。

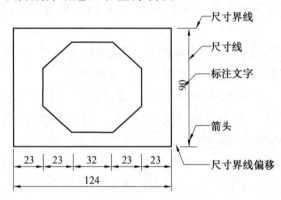

图 4.22　尺寸标注的组成

(1)尺寸线。在标注过程中使用尺寸线来表明距离或者角度。在缺省状态下,尺寸线位于两个尺寸界线之间,尺寸线的两端各有一个箭头,尺寸文本沿着尺寸线书写。

(2)尺寸界线。尺寸界线是由测量点引出的延伸线。通常用于直线型和角度型尺寸的标注。在缺省状态下,尺寸界线和尺寸线是相互垂直的,可以将它设置为想要的角度,还可以把尺寸界线设置为不显示。

(3)箭头。箭头位于尺寸线与尺寸界线的相交处,表示尺寸线的终止端。在不同的情况下可以使用不同的箭头符号。

(4)尺寸文本。尺寸文本用来说明图纸中的距离或角度等数值以及其他文字说明。标注时 AutoCAD 会自动给出尺寸文本,也可以手动输入新的文本。尺寸文本的大小、字体、颜色等特性可以改变。

2.AutoCAD 尺寸标注的类型

AutoCAD 提供了以下几种尺寸标注类型,分别为:

(1)线性标注:标注直线的长度或被测对象的距离。

(2)对齐标注:标注与指定对象平行的尺寸。

（3）弧长标注:标注圆弧或多段线弧线段上的距离。

（4）坐标标注:以坐标的形式标注图形中对象的尺寸。

（5）半径和直径标注:标注圆和圆弧的半径或直径的尺寸。当圆弧或圆的中心位于布局外并且无法在其实际位置显示时,可以用折弯半径标注,可以在更方便的位置指定标注的原点(这称为中心位置替代)。

（6）角度标注:标注两条线之间的夹角或圆弧的圆心角。

（7）基线标注与连续标注:快速标注出线型尺寸的尺寸值。

（8）标注形位公差:形位公差表示特征的形状、轮廓、方向、位置和跳动的允许偏差。在标注的过程中,用户可以把形位公差作为标注文字添加到当前图形中。

（9）圆心标记和中心线:用圆心标记或中心线指出圆或圆弧的圆心。

3. 国标中对于尺寸标注的一些规定

（1）基本规则。

①物体的真实大小应以图样上所标注的尺寸数值为依据,与图形的大小及绘图的准确度无关。

②图样中的尺寸以毫米(mm)为单位时,不需要标注计量单位的代号或名称。如采用其他的单位,则必须注明相应的计量单位的代号或名称。

③图样中所标注的尺寸为该图样所表示物体的最后完工尺寸,否则应另加说明。

④物体的每一尺寸,一般只标注一次,并应标注在反映该结构最清晰的图形上。

（2）尺寸标注的组成元素的规定。

①图样上一个完整的尺寸应由尺寸界线、尺寸线、箭头及标注文字组成。

②尺寸界线用实线绘制,从图形的轮廓线、轴线、中心线引出,并超出尺寸线 2 mm 左右。轮廓线、轴线、中心线本身也可以做尺寸界线。

③尺寸线必须用细实线单独绘出,不能与任何图线重合。

④箭头位于尺寸线的两端,指向尺寸界线。用于标记标注的起始、终止位置。箭头是一个广义的概念,可以有不同的样式,详见尺寸样式设置中,箭头形式的下拉列表。

⑤尺寸文字在同一张图中应该大小一致。除角度以外的尺寸文字,一般应填写在尺寸线的上方,也允许填写在尺寸线的中断处,但同一张图中应该保持一致;文字的方向应与尺寸线平行。尺寸文字不能被任何图形线通过,偶有重叠,其他图线均应断开。

（3）尺寸标注的基本要求。

①互相平行的尺寸线之间,应该保持适当的距离。为避免尺寸线与尺寸界线相交,应按大尺寸注在小尺寸外面的原则布置尺寸。

②圆及大于半个圆的圆弧应注直径尺寸,半圆或小于半圆的圆弧应注半径尺寸。

③角度尺寸的标注,无论哪种位置的角度,其尺寸文字的方向一律水平注写,文字的位置,一般填写在尺寸线的中间断开处。

4. AutoCAD 尺寸标注的命令

使用以下 3 种方式可以进入尺寸标注模式:

（1）使用命令行。在命令行输入 dim，就可以进入尺寸标注模式。

（2）使用工具栏。从"工具"主菜单选择"工具栏"项可以选择打开"标注"工具栏，如图 4.23 所示。

图 4.23　"标注"工具栏

（3）使用菜单。AutoCAD 尺寸标注的命令很多，掌握起来很困难，所以 AutoCAD 还提供了专门的"标注"主菜单，如图 4.24 所示为"标注"主菜单。

（4）使用功能区面板

在功能区选项卡点击"注释"项，打开功能区面板，包含"文字"、"标注"、"引线"和"表格"等控制台。

4.2.2　设置尺寸标注样式

尺寸标注的样式是用户在对图形进行标注时保存的一组标注设置，用以确定标注的外观。在设置尺寸标注样式时，AutoCAD 使用的是当前标注样式。系统默认使用名称为 Standard 的标注样式。如果开始绘制新图形时选择了公制单位，则默认样式为 ISO–25。如果此时不能满足用户标注要求，可以利用标注样式命令（ddim）进行修改和编辑。通过创建标注样式，可以设置有关的标注参数，并且控制任意一个标注的布局和外观。

1. 打开尺寸标注样式管理器

（1）标注样式命令（ddim）的激活方式。

①单击"标注"工具栏下的 按钮；

②在功能区选项卡"注释"/"标注"里点击 按钮；

③从"标注"或"格式"下拉菜单选择"标注样式"选项；

④直接在命令行中输入命令 dimstyle 或 ddim。

（2）激活命令。

激活命令后，AutoCAD 自动弹出"标注样式管理器"对话框，如图 4.25 所示。

图 4.24"标注"主菜单

选项说明：

"置为当前"按钮：单击该按钮，将选择的尺寸标注类型设置为当前的标注类型，返回绘图环境后将使用所选定的标注类型。

"新建"按钮：单击该按钮，用户创建新样式。

"修改"按钮：单击该按钮，将对选定的尺寸标注类型进行修改，单击它会打开"修改标注样式"对话框，如图 4.26 所示，它的内容与"替代当前样式"、"新建标注样式"相同。

"替代"按钮：设置当前样式的代替样式。

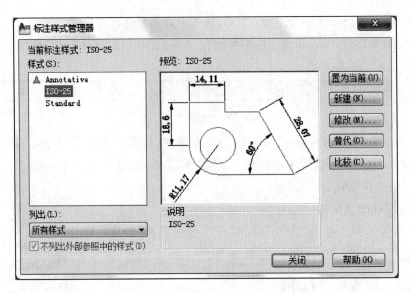

图 4.25 "标注样式管理器"对话框

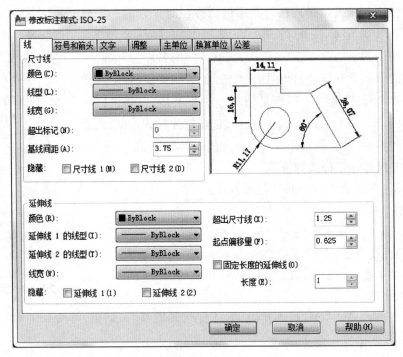

图 4.26 "修改标注样式"对话框

"比较"按钮:设置好一种尺寸类型后,可以与其他的尺寸标注类型进行比较。

2. 设置尺寸标注样式

当用户单击"新建"、"替代"或"修改"按钮后,系统将弹出与之对应的标注样式对话框,此时用户可以根据要求设置标注的样式,下面就以"修改"为例介绍标注样式的详细设置。

单击"修改"按钮,系统弹出如图 4.26 所示的对话框。在此对话框中共有 7 个选项卡,使用这些选项卡,用户可以设置各种标注样式。

选项说明:

(1)"线"选项卡。使用此选项卡可以设置尺寸线、尺寸界线的颜色、线宽、外观样式和大小。

①"尺寸线"区。

a. 设置尺寸线的颜色。单击"颜色"下拉列表框右边的向下箭头,可以从中选择一种颜色作为尺寸线的颜色,也可以使尺寸线的颜色随图层或图块而定。

b. 设置尺寸线的线型和宽度。单击相应下拉式列表框右侧的向下箭头,可以选择尺寸线的线型或线宽。

c. 设置超出标记,如果选择了斜线等记号作为尺寸线的终止记号而不是箭头,就会激活如图 4.26 所示的灰色部分"超出标记"文本框,它可以设置尺寸线超出尺寸界线的长度。

d. 设置尺寸线基线间距。如果使用基线型标注时,改变"基线间距"的数值可以控制各尺寸线间的间隔。

e. 隐藏尺寸线。选择"隐藏"选项的"尺寸线 1"和"尺寸线 2"可以控制将尺寸线的前端和后端隐藏起来。

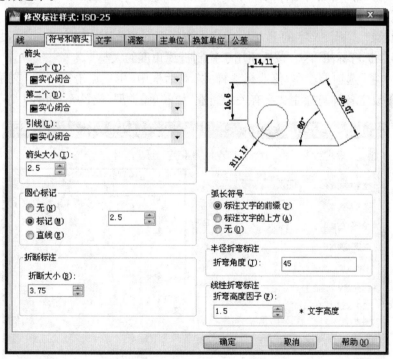

图 4.27　"符号和箭头"选项卡

②"延伸线"区。

a. 设置超出尺寸线。设置尺寸界线超出尺寸线的长度。在标注时,尺寸界线都要超出尺寸线一定的长度,在"超出尺寸线"编辑框内设置。

b. 设置起点偏移量。在"起点偏移量"编辑框输入的值,表示尺寸界线起点与标注对

象之间的间隙。

（2）"符号和箭头"选项卡。用户使用此选项卡可以设置箭头格式和特性、圆心标记的大小和外观样式，设置弧长符号的样式及折弯标注的格式，如图 4.27 所示。其主要选项如下：

①"箭头"区。

a. 设置箭头的样式。通过"第一个"、"第二个"下拉列表框可以选择箭头的样式。AutoCAD 提供了二十多种箭头样式，不同专业有一些规定的箭头样式，如建筑设计采用"建筑标记"，为短斜线形式。用户也可以选择使用自定义的箭头，方法是在箭头列表框中选择"用户箭头..."选项，则 AutoCAD 弹出"选择自定义箭头块"对话框，在对话框中的输入当前图形中已有的块名称，然后单击"确定"按钮，AutoCAD 将以该块作为尺寸线的箭头样式。此时，块的插入基点与尺寸线的端点重合。

b. 设置引线箭头样式。在"引线"下拉列表中设置引线标注时引线起点的箭头样式。

c. 设置箭头的大小。在"箭头大小"文本框内设置箭头的大小。

②"圆心标记"区。用户可以选择三种标注圆心的方法："无"表示不标注圆心；"标记"表示在圆心位置以短"十"字标记圆心，该十字线的长度在文本框中设定；"直线"选项表示圆心标记的标记线将延伸到圆外，其后的文本框用于设定标记线延伸到圆外的尺寸。

③"弧长符号"区。该选项组用于控制圆弧符号对应的标注文字的位置，分别是"标注文字的前缘"、"标注文字的上方"、"无"。选择不同的单选按钮有不同的效果。

④"半径折弯标注"区。该选项用于控制折线角度的大小。

（3）"文字"选项卡。在"修改标注样式"对话框中，用户点击其中的"文字"选项卡，可以在其中设定各种与标注文字有关的属性，如颜色、类型、位置等，图 4.28 所示。

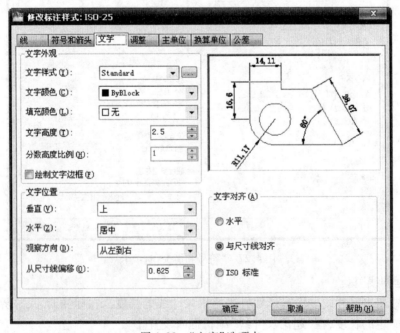

图 4.28 "文字"选项卡

①"文字外观"区。

a. 设置尺寸文本的类型。在"文字样式"下拉式列表框中可以选取尺寸标注的文字样式,单击右边的"..."按钮,打开"文字样式"对话框,用户也可以新建一种文字类型作为尺寸文本的内容。

b. 设置尺寸文本的颜色。单击"文字颜色"下拉列表框右边的向下箭头,可以从列出的颜色样式中选择一种作为文字的颜色,也可以选用"随层"或"随块",使文字的颜色随图层或图块而定。

c. 设置尺寸文本的高度。在"文字高度"文本框内输入数值可以指定文字的高度。

d. "绘制文字边框"复选项,用于在尺寸文本周围画边框。选择该复选项,那么图形中的尺寸文本周围就会画上一个方框,通常在表示基准尺寸时采用。

e. 设置分数高度比例。在图形中使用分数来标注时,通常要使分数文本的高度与尺寸文本的高度保持一定的比例关系,这个比例关系是由它们之间的比例因子决定的。在"分数高度比例"文本框中可以设置这个比例因子。

②"文字位置"区。

a. 设置尺寸文本在垂直与水平方向上的相对位置。在"垂直"下拉式列表框中可以选择尺寸文本在垂直方向上相对于尺寸线的位置,有上方、居中、外部、JIS 等共 4 个位置选项。

在"水平"下拉式列表框中可以选择尺寸文本在水平方向上相对于尺寸界线的位置,有:居中、第一条尺寸界线、第二条尺寸界线、第一条尺寸界线上方、第二条尺寸界线上方等共 5 个位置选项。

b. 设置从尺寸线偏移的距离。为了清楚地表示文本,图形中尺寸文本要与尺寸线保持一定的距离。"从尺寸线偏移"文本框中的数值就是这个距离。

③"文字对齐"区。在 AutoCAD 中,提供了 3 种尺寸文本的对齐方式。

a. 水平:表示所有文本在水平方向上书写。

b. 与尺寸线对齐:表示尺寸文本与尺寸线平行书写。

c. ISO 标准:表示在尺寸界线内的文字与尺寸线对齐,在尺寸界线外的文字总是水平的。

(4)使用"调整"选项卡。"调整"选项卡用于控制尺寸界线内出现放不下尺寸文字或箭头的问题时,文字和箭头的位置或位置组合,它同时还定义全局标注比例,如图 4.29 所示。

①"调整选项"区。当两尺寸界线之间没有足够空间同时放置文字和箭头时,确定如何在两尺寸界线间进行标注。

②"文字位置"区。当空间不足引起文字不在默认的位置时,确定尺寸文字放置位置。

③"标注特征比例"选项区。

a. 设置用于布局(图纸空间)的比例。当给浮动窗口内的图形进行尺寸标注时,如果选中"将标注缩放到布局(图纸空间)"复选框,AutoCAD 将把尺寸标注元素的大小比例调整为图纸空间与模型空间的比例,使尺寸标注元素在各浮动视窗内都具有相同的大小,而

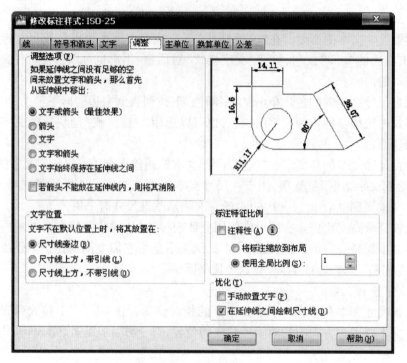

图 4.29 "调整"选项卡

不受各浮动窗口缩放比例因子的影响。

　　b. 设置总体比例。通过改变"使用全局比例"文本框中的数值,可以将图形中尺寸进行放大或缩小。尺寸文本、尺寸箭头、两尺寸界线超出尺寸线及起点间距等都会按比例值进行改变。但是对所标注图形的实际尺寸或被标注距离等值都没有影响。

　　④"优化"区。

　　a. 手动放置文字。如果选择了"手动放置文字"复选框,那么在尺寸标注时,系统会提示尺寸文本的放置位置。

　　b. 在尺寸线之间绘制尺寸线。如果选择了"在尺寸界线之间绘制尺寸线"复选框,标注尺寸时,任何时候都会在尺寸界线之间绘制尺寸线。

　　(5)设置主单位。

　　"主单位"选项卡可以设置尺寸标注数字的单位及标注形式、精度、比例、控制尺寸数字等的处理方式,如图 4.30 所示。

　　①"线性标注"区。

　　a. 设置单位格式:在"单位格式"下拉列表框中,可以设置线性尺寸的单位。

　　b. 设置精度:在"精度"下拉列表框中可以设置线性尺寸单位的精度,不同的单位其精度的样式也不同。在十进制下,小数点位数越多,精度值就越高。

　　c. 设置分数格式:只有当用户选择了以分数表示的单位后"分数格式"项才会被激活。

　　d. 设置小数分隔符:在"小数分隔符"下可以选择小数的分隔符号,可选的符号有句点、逗号和空格。系统默认状态下以逗号作为分隔符。

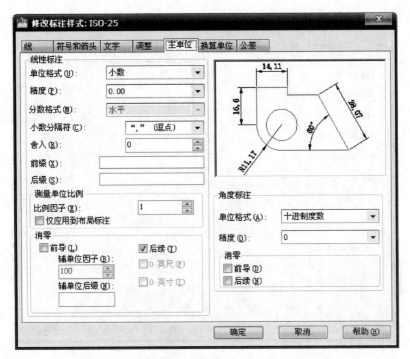

图 4.30　"主单位"选项卡

e. 设置尺寸数字的舍入:在"舍入"编辑框内可以设置舍入的数值,比如输入 0.5 作为舍入值,那么 AutoCAD 将会把 0.6 舍入为 1.0。

f. 设置前缀和后缀:可以在编辑框内输入需要的前缀或后缀,在自动标注输出的尺寸文本前或后就会加上输入的文本。

g. 设置测量比例:"测量单位比例"区设置线性尺寸的全局比例系数。比如输入 10,那么自动输出的尺寸就会是测量值的 10 倍。如果此时用户选中了"仅用于布局标注"复选框,则将比例用在图纸空间内的标注图上。

h. 设置零的隐藏方式:"消零"区用来控制是否显示尺寸数据的前导 0 或后续 0,例如 0.8 变为.8,34.2000 变为 34.2。

②"角度标注"区。与"线型标注"区设置基本一致,在此不再详细叙述。

(6)设置换算单位。在"修改尺寸样式"对话框的"换算单位"选项卡中,可以设置如何在同一个尺寸中以两套尺寸文本单位来显示。"换算单位"选项卡如图 4.31 所示。其中大部分内容与"主单位"含义相同,现将其特有部分介绍如下:

①打开"换算单位"选项。选中"显示换算单位"复选框后可以激活"换算单位"选项卡的其他部分,同时在显示尺寸标注数据时,也标注出换算单位表示的尺寸数据值。

②设置单位放置的位置。在"位置"区有两个选项,如果选中"主值后",则换算数据放在主数据之后;如果选中"主值下",则换算单位数据放在主数据的下面。

(7)设置公差格式。"公差"选项卡用于控制是否标注尺寸公差,及设置公差的值和精度,当要标注带有公差的尺寸时,要先利用此选项卡定义公差值,如图 4.32 所示。

①"公差格式"区。

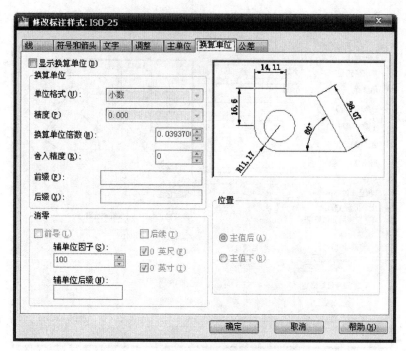

图 4.31　"换算单位"选项卡

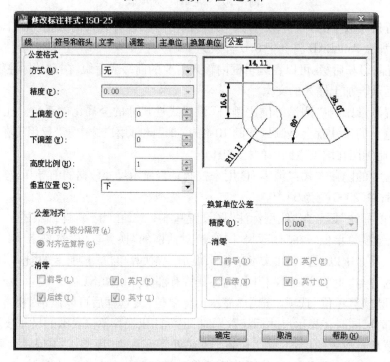

图 4.32　"公差"选项卡

a."方式"中可以设置选择公差的标注形式：无、对称、极限偏差、极限尺寸、基本尺寸等。

b."精度"用于设置公差精度。

c."上偏差"、"下偏差"内定义正负偏差。其中系统默认的下偏差为负值,并自动在数值前加"-"号,如果下偏差为正值,则需要在输入的数值前面加上"-"号。

d."高度比例"用于设置公差文字的高度比例系数,如输入 0.8,表示公差数字的字高是尺寸数字高的 80%。

e."垂直位置"设置公差数字相对于主尺寸数字的位置关系。

②其他区。其功能与前边介绍的选项卡功能类似。

用户在使用 AutoCAD 绘制尺寸线时,可以使用自定义箭头块(Block)来绘制尺寸线。经常用一段 45°首尾等宽的粗线条来代替 AutoCAD 本身提供的箭头与斜杠。

4.2.3　线性尺寸标注

线性尺寸标注(dimlinear)命令可以标注图形上水平、垂直和指定角度的长度尺寸。

1. 激活 dimlinear 命令的方法

①单击"标注"工具栏的 图标按钮;

②通过功能区选项卡"注释"/"标注",点击 按钮;

③单击"标注"下拉菜单,选择"线性"选项;

④在命令行直接输入 dimlinear 或 dli。

2. 命令的使用

激活 dimlinear 命令后,命令提示行出现提示,响应过程如下:

命令:dimlinear

指定第一条延伸线原点或 <选择对象>:　　　　　　使用鼠标点选第一个点

指定第二条延伸线原点:　　　　　　　　　　　使用鼠标点选第二个点

指定尺寸线位置或

[多行文字(M)/文字(T)/角度(A)/水平(H)/垂直(V)/旋转(R)]:

3. 说明

(1)用户可以指定点来定位尺寸线并且确定绘制尺寸界线的方向。指定尺寸线位置之后,AutoCAD 进行标注。

(2)如果用户输入 m,此时 AutoCAD 将显示多行文字编辑器,用以响应多行文字,可用它来编辑标注文字。AutoCAD 用尖括号"< >"表示默认生成的测量值。要给生成的测量值添加前缀或后缀,请在尖括号前后输入前缀或后缀。可以用控制代码和 unicode 字符串来输入特殊字符或符号。另外,要编辑或替换生成的测量值,请删除尖括号,输入新的标注文字然后选择"确定"。

(3)如果用户输入 t 以响应文字,此时 AutoCAD 提示如下:

输入标注文字 <168>:

此时用户可以在命令行自定义标注文字。AutoCAD 在尖括号中显示生成的标注尺寸。输入标注文字或按 Enter 键接受生成的测量值。

(4)如果用户输入 a 以响应角度,此时 AutoCAD 提示如下:

输入标注文字的角度:

此时用户可以修改标注文字的角度,直接输入需要修改文字的角度。例如,要将文字旋转60°,请输入60。

(5)如果用户输入 H 以响应水平,此时表示用户选择创建水平线性标注。此时 AutoCAD 提示:

指定尺寸线位置或[多行文字(M)/文字(T)/角度(A)]:

其中各选项的意义同前面的选项说明。

(6)如果用户输入 v 以响应垂直,表示用户选择创建垂直线性标注。此时 AutoCAD 提示:

指定尺寸线位置或[多行文字(M)/文字(T)/角度(A)]:

其中各选项的意义同前面的说明。

(7)如果用户输入 r 以响应旋转,表示创建旋转线性标注,此时 AutoCAD 提示如下:

指定尺寸线的角度 <0>:

用户可以输入需要使尺寸线旋转的角度,此角度默认沿基线逆时针方向为正。

4. 实例

图 4.33 为线性标注在道路横断面图中的标注示例。

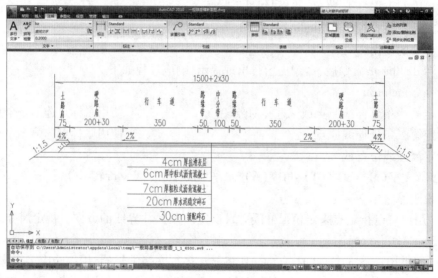

图 4.33　尺寸标注示例

4.2.4　角度标注

用户使用角度标注命令(dimangular)可以标注两条直线间的角度或者三点间的角度、圆或圆弧的圆心角等。

1. 激活 dimangular 命令的方法

(1)单击"标注"工具栏的△图标按钮;

(2)通过功能区选项卡"注释"/"标注",点击下拉列表中的△按钮;

(3)从"标注"下拉菜单中选择"角度"选项;

（4）在命令行直接输入 dimangular 或 dan。

2. 命令的使用

激活 dimangular 命令后，命令提示行出现提示，用户可根据需要对 AutoCAD 作出响应，响应过程说明如下：

命令：dimangular

选择圆弧、圆、直线或 <指定顶点>：

3. 说明

（1）此时用户可以选择需要标注的对象，根据选择对象的不同提示不同的选项：

①用户选择的是圆弧，AutoCAD 将使用选定圆弧的圆心作为角度的顶点，圆弧端点成为尺寸界线的原点，并在尺寸界线之间绘制一条圆弧作为尺寸线，AutoCAD 从角度端点到与尺寸线的交点绘制尺寸界线。

②用户选择的是圆，此时 AutoCAD 将第一个选择点作为第一条尺寸界线的原点，圆的圆心是角度的顶点。此过程为：

命令：dimangular

选择圆弧、圆、直线或 <指定顶点>：

指定角的第二个端点：

指定标注弧线位置或［多行文字（M）/文字（T）/角度（A）/象限点（Q）］：

用户此时在对象圆上指定第二条尺寸界线的原点，但这个点并非一定要位于圆上。

③选择的对象是直线，则提示如下：

命令：dimangular

选择圆弧、圆、直线或 <指定顶点>：

选择第二条直线：

用户在此时指定第二条直线，并用这两条直线来定义角度，AutoCAD 通过将每条直线作为角度的尺寸界线，并将直线的交点作为角度顶点，尺寸线跨越这两条直线之间的角度。如果尺寸线不与被标注的两条直线相交，AutoCAD 则将根据需要通过延长一条或两条直线来添加尺寸界线，该尺寸线张角始终小于 180°。

（2）如果用户在选项提示时直接回车，则默认为指定顶点的方法来创建角度标注，此时 AutoCAD 提示如下：

命令：dimangular

选择圆弧、圆、直线或 <指定顶点>：

指定角的顶点：　　　　　　　　　用户在此指定角度的顶点

指定角的第一个端点：　　　　　　用户在此指定角的一个端点

指定角的第二个端点：　　　　　　用户在此指定角的另一个端点

创建了无关联的标注。

需要注意的是其中角度的顶点也可以同时为一个角度端点，如果需要尺寸界线，那么角度端点可用作尺寸界线的起点，AutoCAD 在尺寸界线之间绘制一条圆弧作为尺寸线，尺寸界线从角度端点绘制到尺寸线交点。

（3）在选择对象的第 1 步之后，AutoCAD 提示如下：

指定标注弧线位置或［多行文字（M）/文字（T）/角度（A）/象限点（Q）］：

其中：①标注弧线位置表明指定尺寸线的位置并确定绘制尺寸界线的方向，指定位置之后，结束 dimangular 命令。

②多行文字是指用户使用多行文字编辑器来编辑标注文字，其基本用法同线性尺寸标注的相关介绍。

③文字是指在命令行自定义标注文字。其用法同线性标注的相关介绍。

④角度是指用户修改标注文字的倾斜角度，例如，要将文字旋转 60°，可在相关的提示下输入 60。

⑤象限是指定标注应锁定到的象限，打开象限后，将标注文字放置在角度标注外时，尺寸线会延伸超过尺寸界线。

4.2.5 半径标注和直径标注

此命令用于标注圆或圆弧的半径（dimradius）或直径（dimdiameter）。其中半径标注常用于标注半圆或小于半圆的圆弧，直径标注常用于标注圆或大于半个圆的圆弧。

1. 激活 dimradius 命令的方法

（1）单击"标注"工具栏的 图标按钮；

（2）通过选择功能区选项卡"注释"/"标注"，点击 下拉列表中的 按钮；

（3）在"标注"下拉菜单中选择"半径"选项；

（4）在命令行直接输入 dimradius 或 dra。

2. 激活 dimdiameter 命令的方法

（1）单击"标注"工具栏的 图标按钮；

（2）通过选择功能区选项卡"注释"/"标注"，点击 下拉列表中的 按钮；

（3）在"标注"下拉菜单中选择"直径"选项；

（4）在命令行直接输入：dimdiameter 或 Ddi。

3. 命令的使用

用户激活 dimradius 或 dimdiameter 命令后，命令行会出现提示，用户可根据需要对 AutoCAD 作出响应，响应过程说明如下：

选择圆弧或圆：

标注文字 = 118

指定尺寸线位置或［多行文字（M）/文字（T）/角度（A）］：

用户此时使用指定点来定位尺寸线，指定尺寸线位置之后，AutoCAD 即按指定要求绘制标注。其他各个选项同前面角度尺寸标注的介绍。

4.2.6 编辑尺寸标注

编辑标注尺寸的命令有 dimedit 和 dimtedit 两个，另外用户还可以通过移动夹点调整标注的位置。

1. dimedit 命令

Dimedit 命令具有修改标注数字、旋转尺寸文字以及使尺寸文字位置复原和倾斜尺寸界线的功能。

（1）激活 dimedit 命令的方法。

①点击"标注"工具栏的 图标按钮；

②通过功能区选项卡"注释"/"标注"，点击 图标按钮；

③从"标注"主菜单中选择"倾斜"选项；

④在命令行直接输入 dimedit 或 ded。

（2）命令的使用。

激活 dimedit 命令后，命令提示行出现如下提示：

输入标注编辑类型 [默认（H）/新建（N）/旋转（R）/倾斜（O）] <默认>：

（3）说明。

①用户此时需要输入相应的编辑类型或直接回车确认以默认的方式来进行标注编辑。

②如果用户输入 h 或直接回车以响应默认选项，则表示将旋转标注文字移回默认位置。

③如果用户输入 n 以响应新建选项，表示将使用多行文字编辑器修改标注文字。

④如果用户输入 r 以响应旋转选项，表示将旋转标注文字，程序将提示输入的角度。

⑤如果用户输入 o 以响应旋转选项，表示将调整线性标注尺寸界线的倾斜角度。AutoCAD 将创建一种尺寸界线与尺寸线方向垂直的线性标注。当尺寸界线与图形的其他部件冲突时，"倾斜"选项将很有用处。

2. dimtedit 命令

dimtedit 命令可以用来编辑和替换尺寸文字以及调整尺寸文字的角度和位置。

（1）激活 dimtedit 命令的方法。

①从"标注"主菜单中选择"对齐文字"选项，从中选择需要的选项；

②在命令行直接输入 dimtedit。

（2）命令的使用。

激活 dimtedit 命令后，命令提示行出现如下提示：

选择标注：

为标注文字指定新位置或 [左对齐（L）/右对齐（R）/居中（C）/默认（H）/角度（A）]：

（3）说明。

①此时用户可以直接拖拽动态更新标注文字的位置。

②可以输入 l 响应靠左选项，表示沿尺寸线靠左对齐标注文字。本选项只适用于线性、直径和半径标注。

③可以输入 r 响应靠右选项，表示沿尺寸线靠右对齐标注文字。同样只适用于线性、直径和半径标注。

④可以输入 c 响应中心选项，表示将标注文字放在尺寸线的中间。

⑤可以输入 h 响应默认选项，表示将标注文字移回默认位置。

⑥可以输入 a 响应角度选项,表示修改标注文字的角度。程序将提示标注文字的角度。

当通过移动夹点调整标注的位置时,用户应先选中要调整的标注,然后按住夹点直接拖动光标进行移动即可。

提示:如果用户想把系统测量的标注文字变为自己指定的标注文字,可以在指定尺寸线位置之前,在命令行输入"t",然后在"输入标注文字"后面输入指定的文字;用户也可以通过双击标注文字,从弹出的"特性"对话框的"文字替代"文本框中直接输入自己指定的标注文字。

4.3 图案填充

用户在绘制建筑图形时,经常要对其封闭的图形区域进行图案填充,以达到符合设计的要求,表达不同的工程部位或材料。图案填充命令也是绘图过程中常用的绘图命令之一。通过 AutoCAD 提供的图案填充功能用户就可以根据需要方便地设置填充的图案、填充的区域、填充的比例等。

1. 激活图案填充命令的方式

(1)单击"绘图"工具栏上的 ▨ 按钮;

(2)选择"绘图"下拉菜单中"图案填充"命令;

(3)在命令行中直接输入 bhatch 或 bh。

激活图案填充命令后,将弹出图案填充和渐变色对话框,如图 4.34 所示。用户可根据设计要求选择一个封闭的图形区域,并设置填充图案、比例等,即可对其进行图案填充。

图 4.34 "图案填充和渐变色"对话框

2. 选项说明

（1）图案填充选项卡。

①"类型"下拉列表框。设置填充的图案类型，包括预定义、用户定义和自定义 3 个选项。

②"图案"下拉列表框。设置填充的图案，若单击 ⋯ 按钮，将打开"填充图案选项"对话框，用户从中选择相应的填充图案即可。

③"样例"预览窗口。显示当前选中的图案样例，单击所选的样例图案，也可以打开"填充图案选项"对话框，选择相应的填充图案。

④"自定义图案"下拉列表框。当填充的图案类型为"自定义"时，该选项才可用，从而可以在其下拉列表框中选择图案。若单击 ⋯ 按钮，将弹出"填充图案选项"对话框，并自动切换到"自定义"选项卡中进行选择。

⑤"角度"下拉列表框。设置填充图案的旋转角度。

⑥"比例"下拉列表框。设置图案填充时的比例值，当其数值大于 1 时，填充的图案比例变大，当其小于 1 时，填充的图案比例变小，用户可根据需要自行设定。

⑦"双向"复选框。当在"类型"下拉列表框中选择"用户定义"选项时，该项可以使用相互垂直的两组平行线填充图案，否则是一组平行线。

⑧"相对图纸空间"复选框。设置比例因子是否为相对于图样空间的比例。

⑨"间距"文本框。设置填充图案中平行线之间的距离。

⑩"ISO 笔宽"下拉列表框。当填充图案采用 ISO 图案时，该选项才可用，用户可根据需要设置线的宽度。

⑪"使用当前原点"单选按钮。即使用当前 UCS 的原点(0,0)作为图案填充的原点。

⑫"指定的原点"单选按钮。选中此按钮，用户可以通过指定点作为图案填充的原点。若单击"单击以设置新原点"按钮时，可以从绘图窗口中选择某一点作为图案填充原点；若点选"默认为边界范围"复选框，用户可以填充边界左下角、右下角、左上角、右上角或圆心作为图案填充的原点。

⑬"添加:拾取点"按钮。单击该按钮屏幕切换到绘图窗口中，用户通过鼠标单击的方式在封闭区域内拾取点，从而选中该填充区域。

⑭"添加:选择对象"按钮。单击该按钮屏幕切换到绘图窗口中，选择封闭区域的对象来定义填充的边界。

⑮"删除边界"按钮。单击该按钮屏幕切换到绘图窗口中，选择需要删除的填充区域边界。

⑯"重新创建边界"按钮。单击该按钮屏幕切换到绘图窗口中，重新创建图案的填充边界。

⑰"查看选择集"按钮。单击该按钮屏幕切换到绘图窗口中，并将已定义的填充边界以虚线的方式显示出来。

⑱"注释性"复选框。用于将填充的图案定义为可注释性的对象。

⑲"关联"复选框。用于创建其边界随之更新的图案和填充。

⑳"创建独立的图案填充"复选框。用于创建独立的图案填充。

㉑"绘图次序"下拉列表框。用于图案填充次序的确定。

㉒"继续特性"按钮。该按钮可以将现在图案填充或填充对象的特性,应用到其他图案填充或填充对象中去。

㉓"孤岛检测"复选框。用于指定在最外层边界内填充对象的方法。

㉔"普通"单选按钮。使用此功能填充,则将从最外层的外边界向内边界填充,第一层填充,第二层不填充,第三层填充,第四层不填充,依次交替进行填充,直至选定边界被填充完为止,如图4.35(a)所示。

㉕"外部"单选按钮。将只填充从最外层边界向内第一层边界之间的区域,如图4.35(b)所示。

㉖"忽略"单选按钮。表示忽略边界,从最外层边界的内部将全部被填充,如图4.35(c)所示。

㉗"保留边界"复选框。可将填充边界以对象的形式保留,并可以从"对象类型"下拉列表框中选填充边界的保留类型。

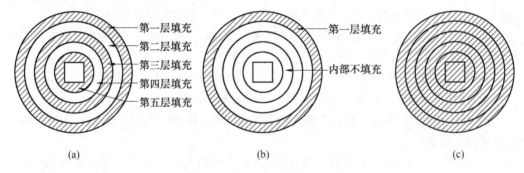

图 4.35　孤岛填充的 3 种方式

（2）渐变色选项卡。

渐变色是指在图案填充时从一种颜色过渡到另外一种颜色。渐变色能够产生出光的效果,为图形增添视觉效果。用户单击此选项卡,则打开如图4.36所示的选项卡进行设置和填充。

①"单色"单选按钮。单击此按钮,系统用单色对所选择的对象进行渐变填充。在其下面的显示框内显示了用户当前所选择的真色彩,单击其右方的小按钮,系统打开"选择颜色"对话框,如图4.37所示。用户可根据需要在此对话框内选择颜色。

②"双色"单选按钮。单击此按钮,系统用双色对所选择的对象进行渐变填充。填充的颜色将从颜色1渐变到颜色2,颜色1和颜色2的选取同单色选取类似。

③"渐变方式"选择样板。

在"渐变色"选项卡中系统给我们提供了9种渐变方式,包括球形、线形、抛物线等方式。

④"居中"复选框。此复选框决定渐变填充是否居中。

⑤"角度"下拉列表框。在此下拉列表框中选择角度值,该角度即为渐变色的倾斜角度。

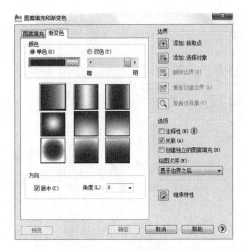

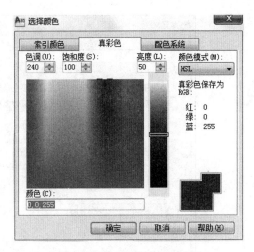

图 4.36　"渐变色"选项卡　　　　　图 4.37　"选择颜色"对话框

4.4　块的操作

用户在使用 AutoCAD 进行图形绘制的过程中,如果图形中有很多相同的图形对象,或者所绘制的图形与已有的图形对象相同,比如说图框、标题栏、符号、标准图形对象等,通常情况下,会采取画好一个后再用复制和粘贴的方式进行绘制,这确实是一个比较省事的做法,但这时如果将重复绘制的图形创建为块,则插入块会比复制粘贴的方式更加高效。

4.4.1　定义图块

图块也称块,它的创建就是将图形中选定的一个或几个图形对象组成一个整体,并为其取名保存,一旦被定义为图块,它就将被作为一个实体对象在图形中随时进行调用和编辑。在 AutoCAD 进行绘图时,用户可根据绘图需要把图块插入到图中任意指定的位置,而且还可以指定它的缩放比例和旋转角度。如果用户想对块中的某个图形对象进行修改,可以利用"分解"命令将块分解成若干个对象,然后再进行编辑。

1. 激活创建图块的命令的方法

(1)单击"绘图"工具栏上的  按钮;

(2)选择"绘图"下拉菜单中"块"命令中的"创建"命令;

(3)在命令行中直接输入 block 或 b。

2. 命令的使用

用户激活创建图块的命令后,系统将会弹出"块定义"对话框,如图 4.38 所示。单击"选择对象"按钮,系统切换到绘图区中选择组成块的图形对象后返回,单击"拾取点"按钮,选择一个点作为特定的基点后返回,在"名称"中输入要定义块的名称,单击"确定"按钮即完成块的创建。

图 4.38　"块定义"对话框

3. 选项说明

（1）"名称"文本框。输入块的名称，可以包括字母、数字、空格以及一些特殊字符等。

（2）"基点"选项栏。用于确定图块的插入位置，默认值是（0,0,0）。用户可以在"X"、"Y"、"Z"文本框中输入块的插入点的具体坐标值，也可以单击"拾取点"按钮，AutoCAD 切换到绘图区，用十字光标在图形中选择一个点后返回"块定义"对话框，所拾取的点即为图块的基点。

（3）"对象"选项栏。该选项组用于设置图块的对象。用户单击"选择对象"按钮，此时切换到绘图区中选择组成图块的对象。单击"快速选择"按钮，用户可以在弹出的"快速选择"对话框中选择组成块的对象。"保留"单选项，表示创建块之后其原图形仍然在绘图窗口中；"转换为块"单选项，表示创建块之后将组成块的各图形对象保留并转换为块；"删除"单选项，表示创建块之后其原图形将会在绘图窗口中删除。

（4）"设置"选项栏。用户从 AutoCAD 设计中心拖动图块时用于测量图块的单位，以及缩放、分解和超级链接等设置。

（5）"方式"选项栏。

①"注释性"复选框。指定块的注释性。

②"使块方向与布局匹配"复选框。当选择"注释性"时该项可用。是指定在图纸空间视口中的块参照的方向与布局的方向匹配特性。

③"按统一比例缩放"复选框。指定图块是否参照统一比例缩放。

④"允许分解"复选框。指定图块是否可以被分解。

（6）"在块编辑器中打开"复选框。选中此项，系统将打开图块编辑器，用户可以定义动态块。

（7）"说明"文本框。用户可以在此处输入与所定义的块有关的描述性文字说明。

4.4.2　图块保存

使用 Block 命令创建好图块以后,用户就可以方便快捷地绘制图形了。但是,用户所创建的图块只能在该图中插入,而其他图形文件无法使用创建的图块,这很不方便,因为有些块在许多图中都能够用到。只有解决了这个问题,才能减少不必要的工作量。AutoCAD 为用户提供了图块存储命令,通过该命令可以将已创建的图块作为外部图块进行保存。其保存形式与其他图形文件(后缀为.dwg)没有区别。

用户要执行 wblock 命令,可以在命令行中输入"wblock"或直接输入"w",回车后系统弹出"写块"对话框,如图 4.39 所示。利用该对话框可以将图块存储为独立的外部图块,方便使用。

图 4.39　"写块"对话框

4.4.3　插入图块

在使用 AutoCAD 绘制图形的过程中,用户可以根据需要随时将已经定义好的图块或储存的图形文件插入到当前编辑图形中的任意位置。在插入时还可以改变图块的比例大小、旋转角度等。

1. 激活插入图块的命令的方法

(1)单击"绘图"工具栏上的"插入块"按钮;

(2)选择"插入"下拉菜单中的"块"命令;

(3)在命令行中直接输入 insert 或者 i。

2. 命令的使用

激活插入块命令之后,系统会弹出"插入"对话框,如图 4.40 所示。

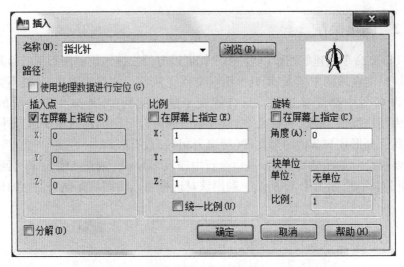

图 4.40 "插入"对话框

3. 选项说明

(1)"名称"下拉列表框。用于选择已经定义好的图块或图形文件名称。单击后面的"浏览"按钮,将打开"选择图形文件"对话框,用户从中可以选择已经存在的外部图形文件或图块。

(2)"插入点"选项栏。用于确定块的插入点位置。勾选"在屏幕上指定"复选框,用户可以通过在下面的文本框输入坐标来确定其位置。

(3)"比例"选项栏。用于确定插入块的比例系数。用户可以直接在"X"、"Y"、"Z"文本框中输入 3 个方向上的不同比例。勾选"统一比例"复选框,表示插入的比例一致。

(4)"旋转"选项栏。指定插入块时的旋转角度。用户可以直接在屏幕上指定旋转角度,也可以在"角度"文本框中输入角度值。如图 4.41(b)是由图 4.41(a)所示的图块旋转-30°角后插入的效果,图 4.41(c)是图 4.41(a)所示的图块旋转 30°角后插入的效果。

(a)

(b)

(c)

图 4.41 块的旋转

(5)"分解"复选框。选中此复选框,则在插入块的同时将其分解成各基本图形对象。

提示:关于 AutoCAD 中的插入图块的角度问题,在默认状态下,AutoCAD 以逆时针方向为正角度,以顺时针方向为负角度。

4.5　查询图形特性

在实际的绘图中,用户为了绘图的准确性经常要不断地检查和校对已绘图形,这就要用到查询图形的特征。在 AutoCAD 2010 中,有 5 个命令分别用于查询对象的不同属性,分别用于测量两点之间的距离和角度(dist 命令)、计算对象或指定区域的面积和周长(area 命令)、计算面域或实体的质量特性(massprop 命令)、显示选定对象的数据库信息(list 命令)、显示位置的坐标(id 命令)。下面主要介绍 dist 命令和 area 命令。

4.5.1　查询距离

查询距离命令(dist)主要用于测量拾取两点间的距离和角度以及 X、Y、Z 方向上的增量等。它是一个透明命令,在使用时最好配合对象捕捉命令使用,这样测量的数据才会更精准。

1. 激活 dist 命令的方法

(1)单击测量工具栏中的 图标按钮;

(2)单击选择"工具"下拉菜单中的"查询"子菜单,再选择其中的"距离"命令;

(3)在命令行中直接输入 dist 或 di。

2. 命令的使用

启动查询距离命令后,用户按照提示依次选择起点和终点后,则系统会显示测量结果。其过程如下:

命令:distance

指定第一点:　　　　　　　　　　　　　　使用鼠标点选第一个点

指定第二个点或[多个点(M)]:　　　　　　使用鼠标点选第二个点

距离 = 21.2132,XY 平面中的倾角 = 45,　与 XY 平面的夹角 = 0

X 增量 = 15.0000,　Y 增量 = 15.0000,　Z 增量 = 0.0000

需要注意的是,测量结果将报告两点在三维空间中的实际距离和角度,以及 X、Y、Z 方向上的增量。XY 平面中的倾角相对于当前 X 轴,与 XY 平面的夹角相对于当前 XY 平面。

4.5.2　查询面积

查询面积(area)命令在工程制图中是比较常用的,主要用于查询和显示点序列对象或封闭二维图形的面积和周长,对于三维图形对象则是查询其表面积。用户可以通过选择封闭对象(如矩形、圆形等)或拾取点来测量面积,拾取点时最后一个点要与第一个点重合形成封闭区域。

1. 激活 area 命令的方法

(1)单击测量工具栏中的 图标按钮;

(2)单击选择"工具"下拉菜单中的"查询"子菜单,再选择其中的"面积"命令;

(3)在命令行中直接输入 area 或 aa。

2. 命令的使用

启动查询距离命令后,用户按照提示依次选择起点和终点后,则系统会显示测量结果。其过程如下:

命令:area

指定第一个角点或[对象(O)/增加面积(A)/减少面积(S)]<对象(O)>:

在如图 4.42 所示的平面图形中,分别查询圆和正方形的面积和周长,及圆的面积减去正方形的面积。

具体操作过程如下:

命令:area

指定第一个角点或[对象(O)/增加面积(A)/减少面积(S)]<对象(O)>:a

(打开"加"模式)

指定第一个角点或[对象(O)/减少面积(S)]:o 选择"对象"选项命令

("加"模式)选择对象: 选择圆形

面积 = 7007.3430,圆周长 = 296.7438

总面积 = 7007.3430

("加"模式)选择对象: 单击鼠标右键,退出"加"模式

指定第一个角点或[对象(O)/减少面积(S)]:s 打开"减"模式

指定第一个角点或[对象(O)/增加面积(A)]:o 选择"对象"选项命令

("减"模式)选择对象: 选择正方形

面积 = 932.5338,周长 = 122.1497

总面积 = 6074.8091   经减法计算获得所要求的面积

("减"模式)选择对象: 单击鼠标右键,退出"减"模式

指定第一个角点或[对象(O)/增加面积(A)]: 单击鼠标右键,退出命令

这样查询圆和正方形的面积和周长,及圆的面积减去正方形的面积就计算完成了。

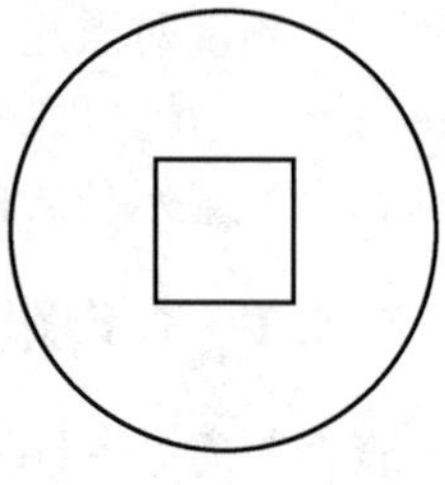

图 4.42 查询面积和周长示例图

4.6 属性管理器

图块除了包含图形对象外,还可以包含一些非图形信息。AutoCAD 允许为图块附加一些文本信息,以增强图块的通用性,这些文本信息称为属性。对于那些经常要用到的图块来说,如果该图块带有属性,那么用户在插入块时可根据具体情况,通过属性来为图块设置不同的信息,这将给绘图带来极大的方便。

4.6.1 图块属性的定义

用户想创建图块属性,首先要创建包含属性特征的属性定义。

1. 激活定义图块对象的属性的方法

(1)选择"绘图"下拉菜单中"块"中的"定义属性"命令;

（2）在命令行中直接输入 attdef 或 att。

2. 命令的使用

当激活定义对象属性命令后，将弹出"属性定义"对话框，如图 4.43 所示。

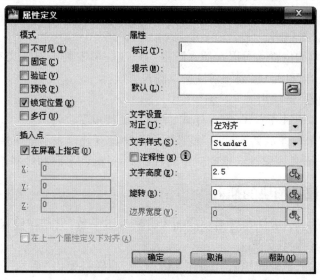

图 4.43　"属性定义"对话框

3. 选项说明

（1）"模式"选项组。

①"不可见"复选框。选中此复选框则属性为不可见显示方式，即插入图块并输入属性值后，属性值在图中并不显示出来。

②"固定"复选框。选中此复选框则属性值为常量，即属性值在属性定义时给定，在插入图块时 AutoCAD 不再提示输入属性值。

③"验证"复选框。选中此复选框，当插入图块时 AutoCAD 重新显示属性值让用户验证该值是否正确。

④"预设"复选框。选中此复选框，当插入图块时 AutoCAD 自动把事先设置好的默认值赋予属性，而不再提示输入属性值。

⑤"锁定位置"复选框。选中此复选框，当插入图块时 AutoCAD 锁定块参照中属性的位置。解锁后，属性可以相对于使用夹点编辑的块的其他部分移动，并且可以调整多行属性的大小。

⑥"多行"复选框。指定属性值可以包含多行文字。选中此复选框后，可以指定属性的边界宽度。

（2）"属性"选项组。

用于设置属性值。在每个文本框中 AutoCAD 允许输入不超过 256 个字符。

①"标记"文本框。输入属性标签。属性标签可由除空格和感叹号以外的所有字符组成，AutoCAD 自动把小写字母改为大写字母。

②"提示"文本框。输入属性提示。属性提示是插入图块时，AutoCAD 要求输入属性

值的提示；如果不在此文本框内输入文本，则以属性标签作为提示；如果在"模式"选项组选中"固定"复选框，即设置属性为常量，则不需设置属性提示。

③"默认"文本框。设置默认的属性值。可把使用次数较多的属性值作为默认值，也可不设默认值。

（3）"插入点"选项组。

确定属性文本的位置。可以在插入时由用户在图形中确定属性文本的位置，也可在"X"、"Y"、"Z"文本框中直接输入属性文本的位置坐标。

（4）"文字设置"选项组。

设置属性文本的对齐方式、文本样式、字高和旋转角度。

（5）"在上一个属性定义下对齐"复选框。选中此复选框表示把属性标签直接放在前一个属性的下面，而且该属性继承前一个属性的文本样式、字高和倾斜角度等特性。

4.6.2　带属性图块的插入

带属性图块的插入方法与普通块的插入方法基本一致，只是在输入完块的旋转角度后需输入属性的具体特性值。

在命令行中输入或动态输入"insert"（或"i"），同样将弹出"插入"对话框，根据要求选择要插入的带属性的图块，并设置插入点、比例及旋转角度，这时系统将以命令的方式提示所要输入的属性值。

4.6.3　编辑图块的属性

当属性被定义到图块当中，或者图块被插入到图形当中之后，用户还可以对属性进行编辑。用户可以利用 attedit 命令通过对话框对指定图块的属性值进行修改，利用 attedit 命令不仅可以修改属性值，而且可以对属性的位置、文本等其他设置进行编辑。

1. 激活编辑属性的方式

（1）单击工具栏上的"编辑属性"❤按钮；

（2）选择"修改"下拉菜单中"对象"/"属性"/"单个"命令；

（3）在命令行中直接输入 attedit。

2. 命令的使用

当激活编辑属性命令后，光标变成拾取框，选择要修改属性的图块，系统将弹出"增强属性管理器"对话框，用户根据要求编辑属性值即可。如图 4.44 所示。

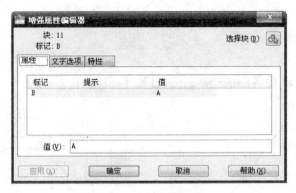

图 4.44　增强属性编辑器

3. 选项说明

（1）"属性"选项卡：用户可修改该属性的属性值。

（2）"文字选项"选项卡：用户可修改该属性的文字特性，包括文字样式、对正方式、文字高度、宽度因子、旋转角度等，如图 4.45 所示。

图 4.45　增强属性编辑器的"文字选项"选项卡

（3）"特性"选项卡：用户可修改该属性文字的图层、线宽、线型、颜色等特性，如图 4.46所示。

图 4.46　增强属性编辑器的"特性"选项卡

习　题

1.请完成图 4.47 中各图的绘制，并进行尺寸标注。

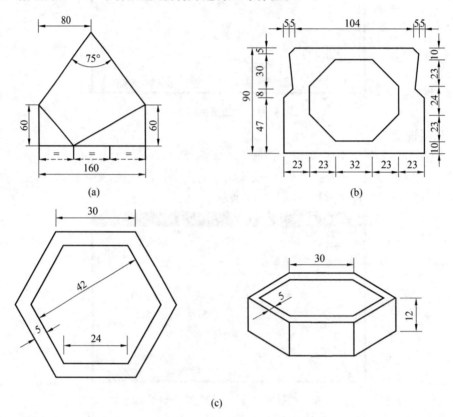

图 4.47　习题 1 图样

2.在 AutoCAD 中完成如图 4.48 所示的"一片主梁混凝土数量表"表格的绘制。

一片主梁混凝土数量表

梁　别	40混凝土/m³		吊装重 /t
	预　制	现　浇	
内　梁	38.36	3.42	96.0
外　梁	37.11	1.71	92.7

图 4.48

第 **5** 章

图纸布局与打印输出

【内容提要】本章主要介绍图纸布局与打印输出的知识,其中包括创建和管理布局、页面设置及打印输出等内容。

【学习目标】要求了解空间的切换,重点掌握图形在打印输出时的设置。

待完成图形的绘制编辑操作后,为了便于查看、对比、参照和资源共享,极有必要将现有图形进行布局设置打印输出或网上发布。使用 AutoCAD 输出图纸时,用户不仅可以将绘制好的图形通过布局或者模型空间直接打印,还可以将信息传递给其他的应用程序。AutoCAD 2010 与之前的版本相比,为用户提供了更加方便、快捷地实现图形输出的功能。

5.1 创建和管理布局

模型空间和布局是 AutoCAD 的两个工作空间。模型空间是图形的设计、绘图空间,可以根据需要绘制多个图形用以表达物体的具体结构,还可以添加标注、注释等内容完成全部的绘图操作;布局空间主要用于打印输出图形的排列和编辑。

5.1.1 切换空间

当绘图区中的"模型"功能处于启用状态时,此时的工作空间是模型空间。在模型空间中可以建立物体的二维或三维视图,并可以根据需要利用"视图"|"视口"菜单中的子菜单创建多个平铺视口以表达物体不同方位的视图。

若要切换空间进入布局空间,直接启用状态栏中的"布局"按钮 即可。在布局空间中,要想使一个视口成为当前视口并对视口中的视图进行编辑修改,可以双击该视口。当需要将布局空间成为当前状态时,双击浮动视口以外的任意点即可。

5.1.2 快速查看模型和布局

使用快速查看工具可以轻松预览打开的图形和对应的模型与布局空间,并在两种空间任意切换,并且以缩略图形式显示在应用程序窗口的底部。通过应用程序状态栏中的快速查看工具(快速查看图形按钮 和快速查看布局按钮)可以执行以上操作。

5.1.3　创建布局

使用布局向导创建布局时,可以对所创建布局的名称、图样尺寸、打印方向以及布局位置等主要选项进行详细的设置,因此,利用该方式创建的布局一般不需要再进行调整和修改即可执行打印操作。

在 AutoCAD 的模型空间中,创建完成实体模型,然后依次单击菜单栏中的"插入"→"布局"→"创建布局向导"命令,如图 5.1 所示,系统将弹出"创建布局-开始"对话框,如图 5.2 所示,即可进行新布局名称的命名。

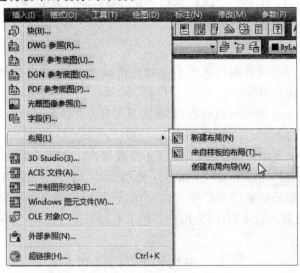

图 5.1　创建布局向导

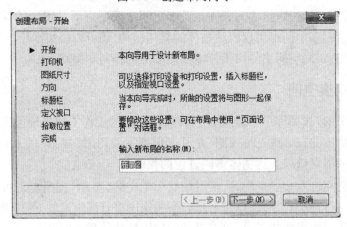

图 5.2　"创建布局-开始"对话框

5.1.4　配置打印机

单击图 5.2 中的"下一步"按钮将打开"创建布局-打印机"对话框,根据需要在该对话框的绘图仪列表中选择所要配置的打印机,如图 5.3 所示。

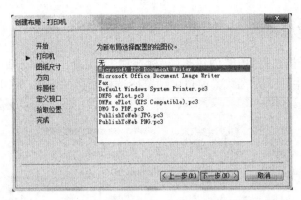

图 5.3　"创建布局–打印机"对话框

5.1.5　设置图样尺寸和方向

单击"下一步"按钮在打开的"创建布局–图样尺寸"对话框的下拉列表中设置布局打印图样的幅面大小、图形单位，并可以通过"图样尺寸"面板预览图样的具体尺寸，默认状态下图纸尺寸为 A4，如图 5.4 所示。

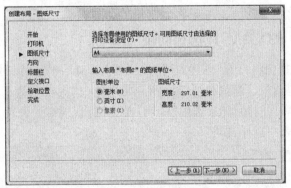

图 5.4　"创建布局–图样尺寸"对话框

单击"下一步"按钮将打开"创建布局–方向"对话框，选中"横向"和"纵向"单选按钮进行打印的方向设置，默认状态下为横向打印，如图 5.5 所示。

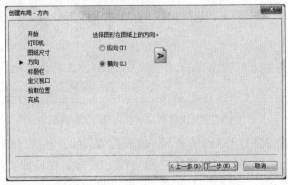

图 5.5　"创建布局–方向"对话框

5.1.6 指定标题栏

单击"下一步"按钮将打开"创建布局–标题栏"对话框,在该对话框中选择图纸的边框和标题栏样式,并可以从"预览"窗口中预览所选标题栏的效果,如图5.6所示。

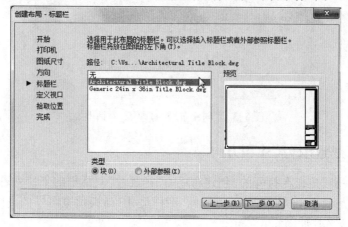

图5.6 "创建布局–标题栏"对话框

5.1.7 设置视口类型、比例和间距

单击"下一步"按钮将打开"创建布局–定义视口"对话框,在该对话框中设置新创建布局的默认视口,包括视口设置和视口比例。如果选中"标准三维工程视图"单选按钮,还需要设置行间距和列间距;如果选中"阵列"单选按钮,则需要设置行数与列数;视口的比例可以从下拉列表中选择,如图5.7所示。

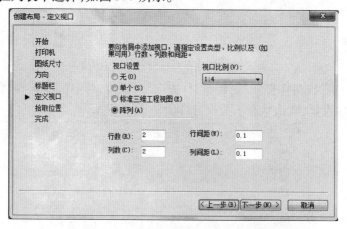

图5.7 "创建布局–定义视口"对话框

单击"下一步"按钮将打开"创建布局–拾取位置"对话框,在该对话框中单击"拾取位置"按钮后,即可在图形窗口中以指定对角点的方式指定视口的大小和位置,通常情况下拾取全部图形窗口。最后单击"完成"按钮,即可显示新建布局效果。

5.2　页面设置

图纸在通过创建布局打印时,必须对布局的页面进行设置。这时就要对所打印的页面进行打印样式、打印设备、图纸的大小、图纸的打印方向以及打印比例等参数设置。

选择"文件"|"页面设置管理器"选项,将打开"页面设置管理器"对话框,如图 5.8 所示。在该对话框中可以对该布局页面进行新建、修改、输入等操作。

图 5.8　"页面设置管理器"对话框

5.2.1　新建页面设置

在"页面设置管理器"对话框中,单击"新建"按钮,可打开"新建页面设置"对话框,如图 5.8 所示。在该对话框中可输入新建页面的名称,指定页面的基本样式等。

在"新建页面设置"对话框中完成命名后,单击"确定"按钮将打开"页面设置-模型"对话框,可对新建页面进行详细设置,如图 5.9 所示。

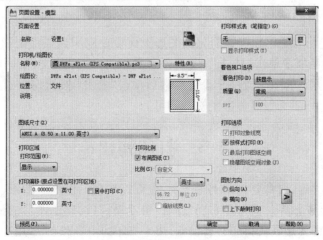

图 5.9　"页面设置-模型"对话框

5.2.2　修改页面设置

页面设置完成后,如对现有页面设置进行修改,可通过修改页面设置操作进行详细的修改和设置,从而达到所需的出图要求。在"页面设置管理器"对话框的"页面设置"预览窗口中选择需要进行修改的设置后,单击"修改"按钮,即可在弹出的"页面设置-模型"对话框进行该页面的重新设置。

在完成各项设置后,单击"确定"按钮,并返回至"页面设置管理器"对话框。该对话框中各主要选项组的功能叙述如下:

(1)打印机/绘图仪:指定打印机的名称、位置和说明。在"名称"下拉列表框中选择打印机或绘图仪的类型;单击"特性"按钮,在弹出的对话框中查看或修改打印机或绘图仪配置信息。

(2)图样尺寸:可以在该下拉列表中选取所需的图样,并可以通过对话框中的预览窗口进行预览。

(3)打印范围:可以对布局的打印区域进行设置。可以在该下拉列表中的4个选项中选择打印区域的确定方式;选择"布局"选项,可对指定图样界限内的所有图样打印;选择"窗口"选项,可以指定模型空间中的某个矩形区域为打印区域进行打印;选择"范围"选项,打印当前图样中的所有对象;选择"显示"选项,可设置打印模型空间的当前视口中的视图。

(4)打印偏移:用来指定相对于可打印区域左下角的偏移量。在布局中,可打印区域左下角点由左边距决定。选中"居中打印"复选框,系统可以自动计算偏移值以便居中打印。

(5)打印比例:选择标准比例,该值将显示在自定义中,如果需要按打印比例缩放线宽,可选中"缩放线宽"复选框。

(6)图形方向:设置图形在图样上的放置方向,若选中"方向打印"复选框,表示图形将旋转180°。

5.2.3　输入页面设置

如有必要,还可将之前已经设置好的图形页面设置应用到当前图形中,具体方法是:在"页面设置"对话框中单击"输入"按钮,便可利用打开的"从文件选择页面设置"对话框选择页面设置方案的图形文件。设置参数后单击"打开"按钮,并在打开的"输入页面设置"对话框中进行页面设置方案的选择即可。

5.3　打印输出

创建完图形之后,通常要打印到图纸上,也可以生成一份电子图纸,以便于后期的工艺编排、交流以及审核等。通常在布局空间设置浮动视口,确定图形的最终打印位置,然后通过创建打印样式表进行打印必要设置,决定打印的内容和图像在图样中的布置,执行"打印预览"命令查看布局无误,即可执行打印图形操作。

5.3.1　打印设置

在打印输出图形时,所打印图形线条的宽度根据对象类型的不同而不同。对于所打印的线条属性,不但可以在绘图时直接通过图层进行设置,而且可以利用打印样式表进行线条的颜色、线型、线宽、抖动以及端点样式等特征进行设置。

在使用打印样式之前,必须先指定 AutoCAD 文档使用的打印样式类型。AutoCAD 中有两类打印样式:颜色相关样式(CTB)和命名样式(STB)。

1. 颜色打印样式表

CTB 样式类型以 255 种颜色为基础,通过设置于图形对象颜色对应的打印样式,使得所有具有该颜色的图形对象都具有相同的打印效果。例如,可以为所有用红色绘制的图形设置相同的打印笔宽、打印线型和填充样式等特性。CTB 打印样式表文件的后缀名为"∗. ctb"。

2. 命名打印样式表

STB 样式和线型、颜色、线宽等一样,是图形对象的一个普通属性。可以在图层特性管理器中为某图层指定打印样式,也可以在"特性"选项板中为单独的图形对象设置打印样式属性。STB 打印样式表文件的后缀名是"∗. stb"。

选择"文件"|"打印样式管理器"选项即可打开"打印样式"文件夹。在该打印样式文件夹中,与颜色相关的打印样式都被保存在以". ctb"为扩展名的文件中,命名打印样式表被保存在以". stb"为扩展名的文件中。

5.3.2　设置打印输出参数

根据不同需要,可以打印一个或多个视口,或设置选项决定打印的内容和图像在图纸上的布置。可打印模型空间的图形,也可以打印图纸空间布局上显示的图形。在 AutoCAD 中,可以使用"打印"对话框打印图形,通过打印的方式可以将当前布局输出为图纸。

选择"文件"|"打印"选项,或者在快捷工具栏中单击"打印"按钮,将打开"打印-模型"对话框,如图 5.10 所示,在该对话框可进行以下打印具体参数设置。

该对话框中的内容与"页面设置"对话框的内容基本相同,此外在该对话框中的其他选项功能如下:

(1)页面设置:该选项可以选择和添加页面设置。在"名称"下拉列表中可选择打印设置,并能够随时保存、命名和回复"打印"和"页面设置"对话框中所有的设置,单击"添加"按钮可打开"添加页面设置"对话框,并能从中添加新的页面设置。

(2)打印到文件:选中"打印到文件"复选框,可以将选定的布局发送到打印文件,而不是发送到打印机。

(3)打印份数:可以在"打印份数"文本框中设置每次打印图样的份数。

(4)打印选项:启用"打印选项"选项组中的"后台打印"复选框,可以在后台打印图形;启用"将修改保存到布局"复选框,可以将该对话框改变的设置保存到布局中;启用"打开打印戳记"复选框,可在每个输出图形的某个角落显示绘图标记以及生成日志文件。

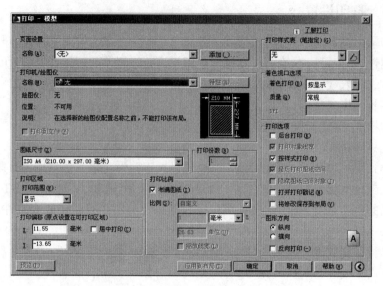

图 5.10 "打印–模型"对话框

5.3.3 打印预览

在对完成输出设置的图形进行打印输出之前,一般都需要对该图形进行打印预览,以便检验图形的输出设置是否满足要求。

单击"打印"对话框中的"预览"按钮,系统将切换至"打印预览"界面,在该界面中,可以利用左上角相应的按钮或右键快捷菜单进行预览图样的打印、移动、缩放和退出预览界面等操作。

5.3.4 打印输出

各部分都设置完成以后,在"打印"对话框中单击"确定"按钮,或者打印预览效果符合设计要求选择右键菜单中的"打印"选项,系统将开始输出图形。如果图形输出时出现错误要中断打印,可按 Esc 键结束图形输出。

5.4 图形文件发布

在 AutoCAD 2010 中,可以通过 Internet 访问或存储 AutoCAD 图形以及相关文件,AutoCAD 可以通过多种方式与 Internet 进行链接,并且能够在其中运行 Web 浏览器,通过生成的 DWF 文件让用户进行浏览和打印,此外还能够打开和插入 Internet 上的图形,并且将创建的图形保存到 Internet 上。

5.4.1 创建 DWF 文件

DWF 文件是一种安全地适用于在 Internet 上发布的文件格式,并且可以在任何装有网络浏览器和专用插件的计算机中执行打开、查看或输出操作。

在输出 DWF 文件之前,首先需要创建 DWF 文件。AutoCAD 软件提供 ePlot.pc3 配置文件,可创建带有白色背景和纸张边界的 DWF 文件。在使用 ePlot 功能时,系统将会创建一个虚拟电子图,利用 ePlot 可指定多种设置,如旋转和图样尺寸等,并且这些设置都会影响 DWF 文件的打印效果。

单击菜单栏中的"文件"|"打印"命令,系统弹出"打印-模型"对话框,并在"打印机/绘图仪"下拉列表中选择 DWF6 ePlot.pc3 选项,如图 5.11 所示。

图 5.11　"打印机/绘图仪"下拉列表

单击"打印"对话框中的"确定"按钮,并在弹出的"浏览打印文件"对话框中设置 ePlot 文件的名称和路径。单击"浏览打印文件"对话框中的"保存"按钮,即可完成 DWF 文件的创建操作,如图 5.12 所示。

图 5.12　设置 ePlot 文件的名称和路径

5.4.2　发布到 Web 页

在 AutoCAD 2010 中,可以利用 Web 页将图形发布到 Internet 上,利用网上发布工具,即使不熟悉 HTML 代码,也可以快捷地创建格式化 Web 页,所创建的 Web 页可以包含 DWF、PNG 或 JPEG 等格式图像。将图形发布到 Web 页上的具体操作方法如下:

(1)打开需要发布到 Web 页的图形文件,并单击菜单中的"文件"|"网上发布"命令,系统弹出"网上发布-开始"对话框,选中该对话框中的"创建新 Web 页"按钮。

(2)单击"下一步"按钮,利用打开的"网上发布-创建 Web 页"对话框指定 Web 文件的名称、存放位置以及有关说明。

(3)单击"下一步"按钮,利用打开的"网上发布-选择图像类型"对话框设置 Web 页上显示图像的类型以及大小。

(4)单击"下一步"按钮,利用打开的"网上发布-选择样板"对话框设置 Web 页样板,并且可以在该对话框的预览框中显示出相应的样板比例。

(5)单击"下一步"按钮,利用打开的"网上发布-应用主题"对话框设置 Web 页面上各元素的外观样式,并且可以在该对话框中对所选主题选项进行预览。

(6)单击"下一步"按钮,利用打开的"网上发布-启用 i-drop"对话框中,选中"启用 i-drop"复选框,即可创建 i-drop 有效的 Web 页。

(7)单击"下一步"按钮,利用打开的"网上发布-选择图形"对话框进行图形文件、布局以及标签等内容的添加。

(8)单击"下一步"按钮,利用打开的"网上发布-生成图像"对话框通过两个单选按钮选择重新生成已修改图形的图像或所有图像。

(9)单击"下一步"按钮,利用打开的"网上发布-预览并发布"对话框中的"预览"按钮预览所创建的 Web 页;单击"立即发布"按钮可发布所创建的 Web 页。还可以通过该对话框中的"发送电子邮件"按钮创建和发送包括 URL 及其位置等信息的邮件。单击"完成"按钮,完成 Web 页的所有操作并关闭该对话框。

习　题

练习创建一个新布局并进行页面设置。

第二篇　建筑工程篇

第 *6* 章

建筑设计基本知识

【内容提要】本章将简要介绍建筑设计的一些基本知识,包括建筑设计特点、建筑设计流程、建筑设计作用以及建筑设计不同的绘图方法;同时还介绍不同设计阶段及其主要设计内容。

【学习目标】掌握建筑设计流程和不同设计阶段的主要设计内容;了解建筑设计特点、流程以及设计不同的绘图方法。

6.1 建筑设计

6.1.1 建筑设计概述

建筑设计是指建筑物在建造之前,设计者按照建设任务,把施工过程和使用过程中所存在的或可能发生的问题,事先作好通盘的设想,拟定好解决这些问题的办法、方案,用图样和文件表达出来。建筑设计是为人类建立生活环境的综合艺术和科学,是一门涵盖极广的专业。一般从总体说建筑设计由三个阶段构成,即方案设计、初步设计和施工图设计。方案设计主要是构思建筑的总体布局,包括各个功能空间的设计、高度、层高、外观造型等内容;初步设计是对方案设计的进一步细化,确定建筑的具体尺寸和大小,包括建筑平面图、建筑剖面图和建筑立面图等;施工图设计则是将建筑构思变成图样的重要阶段,是建造建筑的主要依据,除包括建筑平面图、建筑剖面图和建筑立面图等外,还包括各个建筑大样图、建筑构造节点图以及其他专业设计图样,如结构施工图、电气设备施工图、暖通空调设备施工图等。总的来说,建筑施工图越详细越好,要准确无误。

在建筑设计中,需按照国家规范及标准进行设计,确保建筑的安全、经济、适用等,需遵守的国家建筑设计规范主要有:

《房屋建筑制图统一标准》GB/T 50001—2001

《建筑制图标准》GB/T 50104—2001

《建筑内部装修设计防火规范》GB 50222—1995

《建筑工程建筑面积计算规范》GB/T 50353—2005

《民用建筑设计通则》GB 50352—2005

《建筑设计防火规范》GBJ 16—1986

《建筑采光设计标准》GB/T 50033—2001

《高层民用建筑设计防火规范》GB 50045—1995(2005 版)

《建筑照明设计标准》GB 50034—2004

《汽车库、修车库、停车场设计防火规范》GB/T 50066—1996

《自动喷水灭火系统设计规范》GB/T 50084—2001(2005 版)

《公共建筑节能设计标准》GB/T 50189—2005

说明:建筑设计规范中 GB 是国家标准,此外还有行业规范,地方规范等。

建筑设计是为人们工作、生活与休闲提供环境空间的综合艺术和科学。建筑设计与人们日常生活息息相关,从住宅到商场大楼,从写字楼到酒店,从教学楼到体育馆等,无处不与建筑设计紧密联系。如图 6.1 和图 6.2 所示是使用中的国内外建筑。

图 6.1　中央电视台新总部大楼　　　　图 6.2　国外建筑

6.1.2　建筑设计特点

建筑设计是根据建筑物的使用性质、所处环境和相应标准,运用无遏制技术手段和建筑美学原理,创造功能合理、舒适优美、满足人们物质和精神生活需要的室内外空间环境。设计构思时,需要运用物质技术手段及各类装饰材料和设施设备等;还需要遵循建筑美学原理,综合考虑使用功能、结构施工、材料设备、造价标准等多种因素。

如从设计者的角度分析建筑设计的方法,主要有以下几点。

1. 总体和细部深入推敲

总体推敲,即建筑设计应考虑的几个基本观念,有一个设计的全局观念。细部着手是指具体进行设计时,必须根据建筑的使用性质,深入调查、收集信息,掌握必要的资料和数据,从最基本的人体尺度、人流动线、活动范围和特点、家具和设备等的尺寸和使用它们必须的空间等着手。

2. 里外、局部与整体协调统一

建筑室内外空间环境需要与建筑整体的性质、标准、风格及室内外环境相协调统一,它们之间有着相互依存的密切关系,设计时需要从里到外,从外到里多次反复协调,务必使其更趋完善合理。

3. 立意与表达

设计的构思、立意至关重要。可以说,一项设计,没有立意就等于没有"灵魂",设计的难度也往往在于要有一个好的构思。一个较为成熟的构思,往往需要足够的信息量,有商讨和思考的时间,在设计前期和出方案过程中使立意、构思逐步明确,形成一个好的构思。

6.1.3　建筑设计进程

建筑设计根据设计的进程,通常可以分为 4 个阶段。

1. 准备阶段

设计准备阶段主要是接受委托任务书,签订合同,或者根据标书要求参加投标;明确设计任务和要求,如建筑设计任务的使用性质、功能特点、设计规模、等级标准、总造价,根据任务的使用性质所需创造的建筑室内外环境氛围、文化内涵或艺术风格等。

2. 方案阶段

方案设计阶段是在设计准备阶段的基础上,进一步收集、分析、运用与设计任务有关的资料和信息,构思立意,进行初步方案设计,深入设计,分析与比较方案,确定初步设计方案,提供设计文件,如平面、立面、透视效果图等。如图 6.3 所示是某个项目建筑设计方案效果图。

图 6.3　建筑设计方案

3. 施工图阶段

施工图设计阶段是提供有关平面、立面、构造节点大样以及设备管理图等施工图样,满足施工的需要。如图 6.4 所示是某个项目建筑平面施工图。

一套工业与民用建筑的建筑施工图通常包括的图样主要有以下几类:

(1) 建筑平面图(简称平面图)。是按一定比例绘制的建筑水平剖切图。通俗地讲,就是将一栋建筑窗台以上部分切掉,再将切面以下部分用直线和各种图例、符号直接绘制在纸上,以直观地表示建筑在设计和使用上的基本要求和特点。建筑平面图一般比较详细,通常采用较大的比例,如 1∶20、1∶100 和 1∶50,并标出实际的详细尺寸。如图 6.5 所示为某建筑标准层平面图。

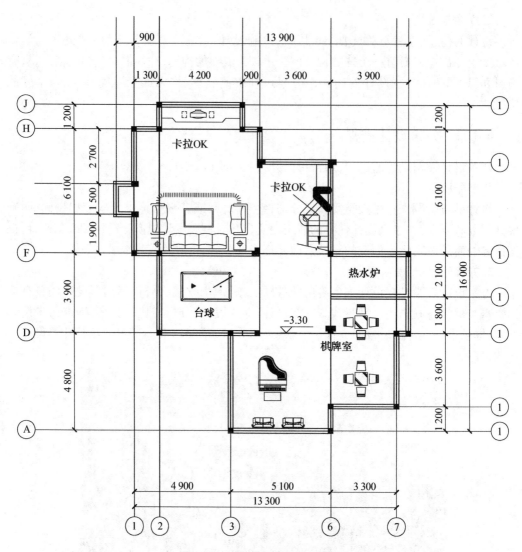

图 6.4　建筑平面施工图(局部)

（2）建筑立面图(简称立面图)。主要用来表达建筑物各个立面的形状和外墙面的装修等,也即按照一定比例绘制建筑物的正面、背面和侧面的形状图,它表示的是建筑物的外部形式,说明建筑物长、宽、高的尺寸,表现楼地面标高、屋顶的形式、阳台位置和形式、门窗洞口的位置和形式、外墙装饰的设计形式、材料及施工方法等。如图 6.6 所示为某建筑的立面图。

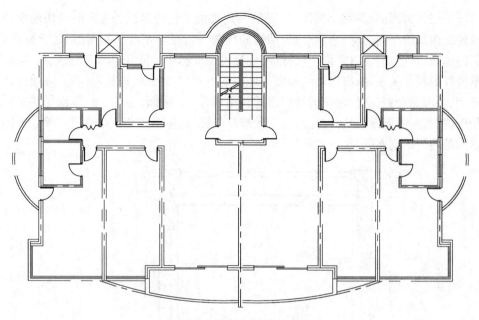

图 6.5　建筑标准层平面图

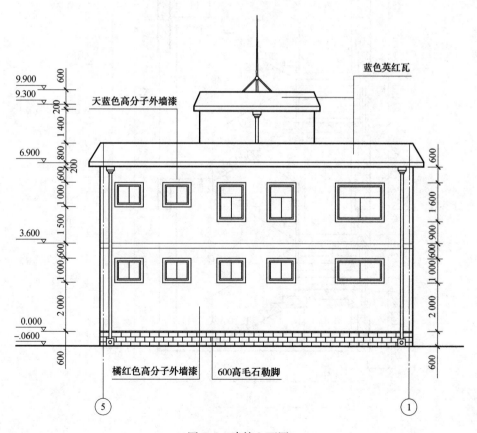

图 6.6　建筑立面图

　　（3）建筑剖面图（简称剖面图）。是按一定比例绘制的建筑竖直方向剖切前视图,它表示建筑内部的空间高度、室内布置、结构和构造等情况。在绘制剖面图时,应标注各层楼面的标高、窗台、窗上口室内净尺寸等,剖切楼梯应标明楼梯分段与分级数量;建筑主要承重构件的相互关系,画出房屋从屋面到地面的内部构造特征,如楼板构造、隔墙构造、内门高度、各层梁和板位置、屋顶的结构形式与用料等;注明装修方法、楼、地面做法,所用材料加以说明,标明屋面做法及构造;各层的层高与标高,标明各部位高度尺寸等。如图6.7所示为某建筑的剖面图。

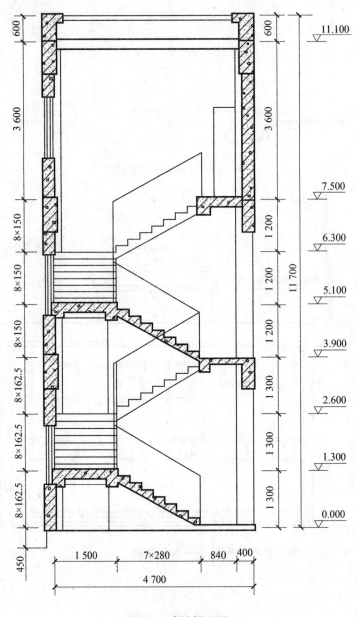

图 6.7　建筑剖面图

（4）建筑大样图（简称详图）。主要用于表达建筑物的细部构造、节点连接形式以及构件、配件的形状大小、材料、做法等。详图要用比较大比例绘制（如 1：20、1：5 等），尺寸标注要准确齐全，文字说明要详细。如图 6.8 所示为某建筑墙身（局部）详图。

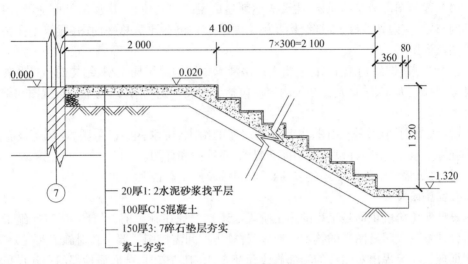

　　20厚1：2水泥砂浆找平层
　　100厚C15混凝土
　　150厚3：7碎石垫层夯实
　　素土夯实

图 6.8　墙身详图

（5）建筑透视图。除上述类型图形外,在实际工程实践中还经常绘制建筑透视图,尽管其不是施工图所要求的。但由于建筑透视图表示建筑内部空间或外部形体与实际所能看到的建筑本身相类似的主体图像,它具有强烈的三维空间透视感,非常直观地表现了建筑的造型、空间布置、色彩与外部环境等多方面内容。因此,常在建筑设计和销售时作辅助使用。从高处俯视的透视图又称"鸟瞰图"或"俯视图"。建筑透视图一般要严格地按比例绘制,并进行绘制上的工艺加工,这种图通常被称为建筑表现图或建筑效果图。一副绘制精美的建筑表现图就是一件艺术作品,具有很强的艺术感染力。如图 6.9 所示为某别墅三维外观透视图。

图 6.9　某别墅三维外观透视图

提示： 目前普遍采用计算机绘制效果图，其特点是透视效果逼真，可以复制多份。

在施工时，根据具体实际情况进行施工的图称为施工图，在建筑绘图中按类型又分为建施图、结施图以及设施图。

（1）建施图即建筑施工图，主要表达新建房屋的规划位置、房屋的外部造型、内部各房间的布置、室内外装修、细部结构及施工要求等。包括建筑总平面图、建筑平面、立面、剖面图及详图。

（2）结施图即结构施工图，主要表达房屋承重结构的结构类型、结构的布置及各构件的外形、材料、大小、数量及做法等内容。包括结构设计说明书、结构平面布置图和结构构件详图等。

（3）设施图即设备施工图，主要表达房屋的给水、排水、电气、采暖、通风等设备的布置和施工要求，包括各种设备的平面布置图、系统图和详图。

另外，每幅完整的图纸还应包括封面、目录及施工总说明。

4. 实施阶段

设计实施阶段也即是工程的施工阶段。建筑工程在施工前，设计人员应向施工单位进行设计意图说明及图样的技术交底；工程施工期间需按图样要求核对施工实况，有时还需根据现场实况提出对图样的局部修改和补充；施工结束时，会同质检部门和建设单位进行工程验收。如图 6.10 所示为正在施工中的建筑（局部）。

图 6.10 施工中的建筑

根据各自的使用要求、空间组合、外形处理，结构形式、构造方式及规模大小不同而设计出不同的建筑物，但是构成建筑物的主要部分仍然是一样的，它们都是由基础、墙或柱、楼面、屋顶、出入口、窗等组成的。另外，结施图中还有台阶、雨篷、阳台、雨水管、散水以及室内安装的各种配件和装饰等。

各组成部分的功能如下：

（1）基础：房屋建筑最根本的一部分，建筑物所有的力都压在基础上，所以基础质量的好坏直接影响到该建筑物整体效果。

（2）柱：起着承重、连接的作用，是楼房的外轮廓。

（3）楼板及内外墙：有分隔、维护、隔热、保温等作用，属于内部结构。

（4）门窗：一般设在墙面上，根据要求的不同有不同的型号，分别起采光和通风作用。

（5）楼梯：起连接上下层的作用。

（6）阳台：房屋的外部结构，可以起到承载的作用。

（7）台阶和雨篷：一般设在入口处。

（8）踢脚和勒脚：起保护墙脚的作用，在内外墙下。

6.2　建筑设计基本方法

6.2.1　手工绘制建筑图

建筑设计图样对工程建设至关重要。如何把设计者的意图完整表达出来，建筑设计图样无疑是比较有效的方法。在计算机普及之前，建筑图的绘制最为常用的方式是手工绘制。手工绘制方法的最大优点是自然，随机性较大，容易体现个性和不同的设计风格，使人们领略到其所带来的真实性、实用性和趣味性。其缺点是比较费时且不容易修改。如图 6.11 所示是手工绘制的建筑效果图。

图 6.11　手工绘制的建筑效果图

6.2.2　计算机绘制建筑图

随着计算机信息技术的飞速发展，建筑设计已逐步摆脱传统的图板和三角尺，步入计算机辅助设计（CAD）时代。在国内外，建筑效果图及施工图的设计，如今也几乎完全实现了使用计算机进行绘制和修改。如图 6.12 所示是计算机绘制的建筑效果图。

1. 二维绘图与三维绘图

利用 AutoCAD 2010 可以完成在建筑绘图上的二维绘图与三维绘图，特别在建模和渲染上更优于以前的版本。二维绘图就是利用 AutoCAD 2010 的平面制图命令，大量采用基本的线条命令、编辑命令，绘制出单层的建

图 6.12　计算机绘制的建筑效果图

筑平面，再由单层建筑平面分别组成不同的立、剖面图。在绘制过程中所有的图案元素都是相对独立的，读者可以受步骤的约束，分别进行绘制、修改直到出图。对于常用的构件如门、窗、楼梯都可以设计出图块文件以备以后使用，从而提高制图速度。

三维绘图是先完成建筑物每一层的造型，再将它们组合起来进行编辑和内部构件的

制作。

（1）单层绘图过程。单层绘图就是利用 line、arc 等命令绘制出轴线和墙体,然后定义墙体的高度、厚度,插入门窗后进行编辑、修改,然后插入柱、阳台、屋顶、散水等。单层绘图的流程是:设置图形大小并绘出轴线→按照轴线位置绘制出不带厚度和高度的墙和柱→以轴线为基础绘制内外墙体线→定义墙体厚度、高度、绘制墙体→插入门窗→插入柱子、阳台等块。

（2）三维绘图过程。将建立的各个单层模型按一定的要求组合在一起,就形成了整体模型。三维绘图的流程是:复制单层模型（把绘制好的模型进行相应的复制并加以修改操作,复制到各楼层上）→更换层（将需要的楼层调至当前可操作的屏幕上）修改工作层（使用三维命令进行编辑,修改需要修改的地方）→更换层（再将没有修改的层调入作修改直至完成修改）→组合层（将各层按要求叠加在一起）→开门窗、设阳台及其他块等（在墙体上进行布尔运算,按规定开出洞口）→外加修饰→出图（对局部加以修改,直到可出图）。

2. 平、立、剖面图的绘制生成法

平、立、剖面图的绘制有两种方法:直接绘制和三维模型自动生成。

经过准确的定位、利用 AutoCAD 2010 的二维命令进行相应的组合直接得到,这种方法就是直接绘制。将已经建立好的三维模型调入当前环境中,然后再利用一些相关命令所得到工程图就是三维生成法,其具体步骤如下:

将要绘制的三维模型调入到当前的绘图环境中→采用三维视图命令,切换到相应的视图窗口,这时得到相应的立面图,直接进行尺寸标注或文字说明→利用剖切得到剖面图或平面图→对相应的墙体线进行加粗等修饰→进行尺寸标注。

在平面图中,也可以利用"拉伸"命令来绘制立面图。

3. 建筑制图中的国家标准

（1）图纸幅面的规定。在建筑制图中,国家对图纸的幅面都有具体的规定和要求。在建筑制图标准《房屋建筑制图统一标准》（GB/T 50001—2001）中,国家规定了 5 种图纸幅面的尺寸。

图纸空间由图框线和幅面线组成,无论图纸是否装订,图框线都必须用粗实线表示,在图框的右下角必须有一个标题栏,标题栏中的文字方向由图的方向确定。

一般绘图都是按上面的规定绘制,当然也有特殊的情况,可以把图纸的长边 l 加长,但短边 b 不能变长、具体规定见样本。

（2）绘图比例的规定。房屋建筑图采用的比例应按规定的比例进行出图。

（3）制图字体的规定。图名以及说明用的汉字,应采用长仿宋体,宽度及高度的关系,应符合规定,汉字用简体字。

（4）常用线型的线宽、颜色及名称。在许多建筑工程图中,图层的名称不用汉字表明,而用一些阿拉伯数字或英文缩写形式表示,用不同的颜色表示不同的元素。

3. 建筑施工图常用符号

建筑施工图作为专业的建筑图纸,具有一套严格的符号使用规则,这种专用的行业语言是保证不同的建筑施工人员能够读懂图纸的必要手段。

4. 使用 AutoCAD 2010 绘制施工图的注意事项

运用计算机绘图一般要求是快速、准确、细致,方便检查和修改。为了满足以上各项要求,在使用 AutoCAD 2010 软件设计并绘制建筑施工图的时候需注意以下 3 点。

(1)精确作图。由于计算机屏幕大小的限制,在用 AutoCAD 作图时,常常需要缩小图形以便于全局观察。所以必须利用 AutoCAD 提供的工具(对象捕捉、对象追踪等)进行精确作图,否则画出的图元素看似相近,其实在用绘图仪出图后或实际放大后,往往是断开的、冒头的或交错的。AutoCAD 2010 提供了很多精确的作图工具,如定位端点、中点、中心点、圆心、交点等透明命令,利用这些命令就可以很容易地实现精确作图了。除了能够得到高质量的图纸之外,精确作图的好处还在于可以提高尺寸标注的效率。作图时,在没有特殊的情况下,最好都用实际尺寸进行绘制。

(2)区分组成。一般的建筑施工图都是由轴线、构件布置图、相应的尺寸标注以及其他的标注等几种元素组成。在使用 AutoCAD 2010 绘制建筑施工图时,要对此加以区分,以便于以后的检查和修改或部分出图。

区分的方法主要有两种:一种是利用不同的颜色进行区分,例如黄线表示轴线、红色线表示墙体、绿色线表示尺寸标注等;另一种方法是用 AutoCAD 2010 的图层功能,就像 Photoshop 中的图层一样,将不同类的元素放在不同的图层中。因为每个图层都是相对独立的,可以根据需要设定可见或不可见,冻结还是不冻结,打印还是不打印等。所以在完成了图层以后,可以一次只打开包含相应图形元素的图层来进行修改、检查等。而不受其他元素的干扰。

利用工具手工制图时,利用直尺和三角尺可以画出平行线、水平线或垂直线及某些特殊的角度。在使用 AutoCAD 2010 绘图时,同样也有必要使用作图工具,如图块功能、生成平行线功能、生成垂直线功能等。

习　题

1. 建筑设计有什么特点?
2. 手工绘制建筑图和计算机绘制建筑图有什么区别?
3. 一套完整的图样包括哪些图样?
4. 一套完成的图纸中,建筑平面图分哪几类? 建筑平面图包括哪些基本内容?

第 **7** 章

绘制建筑平面图

【内容提要】本章介绍建筑平面图包括的内容、类型及绘制平面图的一般方法,为后面 AutoCAD 2010 的操作做准备。运用 AutoCAD 2010 的基本绘图工具对建筑平面图进行绘制。大量运用"直线"、"偏移"、"复制"、"矩形"等命令进行平面图的绘制,充分地把建筑制图与电脑绘图结合在一起。从基础平面图到标准层平面图以及屋顶平面布置图所涉及的知识点一一体现出来。希望能够举一反三,学会用 AutoCAD 2010 绘制建筑平面图。

【学习目标】熟悉 AutoCAD 2010 的绘图环境以及 CAD 的基本设置;掌握 AutoCAD 2010 建筑平面图的绘制方法和技巧;熟练应用 AutoCAD 2010 中的"直线"、"弧线"、"偏移"等命令的使用方法。通过讲解 3 个实例,可以对建筑标准层平面布置图、基础平面布置图、屋顶平面布置图的绘制有所理解。

7.1 建筑平面图概述

建筑平面绘图是建筑施工图的一种,反映了建筑物的平面布局。建筑平面图实际上是房屋的水平(H 面)剖视图(除屋顶平面图外),也就是假想用一水平切平面经门窗洞口处将房屋剖开,移去切平面以上的部分,对切平面以下的部分用正投影法得到的投影图,简称平面图。平面图中的主要图形包括剖切到的墙、柱、门窗、楼梯,以及看到的地面、台阶、楼梯等剖切面以下的构件轮廓。由此可见,从平面图中,可以看到建筑的平面大小、形状、房间平面布局、墙、柱的位置、以及门窗的位置、类型,内外交通及联系(楼梯和走廊的安排)、建筑构配件大小及材料等内容。为了清晰准确地表达这些内容,除了按制图知识和规范绘制建筑构配件平面图形外,还需要标注尺寸及文字说明、设置图面比例等。

7.1.1 建筑平面图的类型

1. 根据剖切位置不同分类

根据剖切位置不同,建筑平面图可分为地下层平面图、底层平面图、x 层平面图、标准层平面图、屋顶平面图、夹层平面图等。一般情况下,房屋有几层就应画出几层的平面图,并在图的下方正中标注相应的图名,如"底层平面"、"二层平面图"、"屋顶平面图"等。

如果建筑中间各楼层的平面布局、构造完全相同或仅有局部不同时,可用一个平面图表示,图名为"x 层 ~ x 层平面图",或称为"标准层平面图"。对于局部的不同之处,可另绘局部平面图。

2. 按不同的设计阶段分类

按不同的设计阶段分为方案平面图、初设平面图和施工平面图。不同阶段图纸表达程度不一样。

7.1.2　建筑平面图的内容

建筑平面图是建筑施工图的主要图样之一,是施工过程中放线、砌墙、安装门窗、室内装修、编制预算以及施工备料等的重要依据,主要包括以下内容。

(1)建筑物形状、内部的布置及朝向,包括建筑物的平面形状,各种房间的布置及相互关系,入口、走道、楼梯的位置等。一般平面图中均注明房间的名称或编号,首层平面图还应标注指北针表明建筑物的朝向。

(2)建筑物的尺寸。在建筑平面图中,用轴线和尺寸线表示各部分的长宽尺寸和准确位置。

(3)表明建筑物的结构形式及主要建筑材料。

(4)表明各层的地面标高。首层室内地面标高一般定为±0.00 ,并注明室外地坪标高。其余各层均注有地面标高。有坡度要求的房间内还应注明地面坡度。

(5)表明门窗及其过梁的编号、门的开启方向。

综合反映其他各工种(工艺、水、暖、电)对土建的要求,在图中表明其位置和尺寸。

(6)表明室内装修做法,包括室内地面、墙面及顶棚等处的材料及做法。

平面图中不易表明的地方,如施工要求、砖及灰浆的标号等需要用文字说明。以上所列内容,可以根据具体建筑物的实际情况进行取舍。

7.1.3　图示特点

1. 比例

根据国标的规定,建筑平面图通常采用 1∶50 、1∶100 、1∶200 的比例,实际工程中常用 1∶100 的比例。

2. 定位轴线

建筑施工图中的轴线是施工定位、放线的重要依据,所以也称定位轴线。凡是承重墙、柱子等主要承重构件都应画出轴线来确定其位置。

国标规定,定位轴线采用细点画线表示,轴线和端部画直径为 8 mm 的细实线圆圈,在圆圈内写上轴线编号。横向编号采用阿拉伯数字,从左至右顺序编写;竖向编号采用大写拉丁字母,自下而上顺序编写。拉丁字母中的 I 、O 、Z 不能用作轴线编号,以免与阿拉伯数字中的 1 、0 、2 混淆。

平面图上定位轴线的编号一般标注在图的下方与左侧,当平面图不对称时,上方和右侧也应标注轴线编号。

3.建筑平面图中的图线应粗细有别,层次分明

被剖切到的墙、柱等截面轮廓线用粗实线(b)绘制,门窗的开启示意线用中实线($0.5b$)绘制,其余可见轮廓线用细实线($0.35b$)绘制,尺寸线、标高、定位轴线的圆圈、轴线等用细实线和细点画线绘制。其中,b 的大小应根据图样的复杂程度和比例按《 房屋建筑统一标准 》(GB/T 50001—2001)中的规定选取适当线宽组,见表 7.1。

当绘制较简单的图样时,可采用两种线宽的线宽组,其线宽比宜为 b 和 $0.25b$。

表 7.1   线宽组

线宽比	线宽/mm					
b	2.0	1.4	1.0	0.7	0.5	0.35
$0.5b$	1.0	0.7	0.5	0.35	0.25	0.18
$0.35b$	0.7	0.5	0.35	0.25	0.18	

4.图例

由于平面图一般采用 1∶50 、1∶100、1∶200 的比例绘制,各层平面图中的楼梯、门窗、卫生设备等都不能按照实际形状画出,均采用国标规定的图例来表示,而相应的具体构造用较大比例的详图表达。

门窗除用图例表示外,还应进行编号以区别不同规格、大小和尺寸。用 M 表示门,C 表示窗。后面的数字为它们的编号,如 M1、M3、…,C1、C2、…,同一编号的门窗,其尺寸、形式、材料都是一样的。

5.尺寸和标高

平面图上标注的尺寸有外部尺寸和内部尺寸两种。所标注的尺寸以 mm 为单位,标高以 m 为单位。

(1)外部尺寸。外部应标注三道尺寸,最里面一道是细部尺寸,标注外墙、门窗洞、窗与墙尺寸,这道尺寸应从轴线起标注;中间一道是轴线尺寸,标注房间的开间与进深尺寸,是承重构件的定位尺寸;最外一道是总尺寸,标注房屋的总长、总宽。如果平面图是对称的,一般在图形的左侧和下方标注外部尺寸;如果平面图不对称,则需在各个方向标注尺寸,或在不对称的部分标注外部尺寸。

(2)内部尺寸。应标注房屋内墙门窗洞、墙厚及轴线的关系,柱子截面、门垛等细部尺寸,房间长、宽方向的净空尺寸。底层平面图中还应有室外散水、台阶等尺寸。

(3)标高。平面图上应标注各层楼地面、门窗洞底、楼梯休息平台面、台阶顶面、阳台顶面和室外地坪的相对标高,以表示各部位对于标高±0.00 的相对高度。

此外,对于有剖面图或详图的地方,还应将剖切符号及剖面图的编号在平面图中标注清楚,以配合平面图的识读。

7.1.4   建筑平面图绘制的一般步骤

用 AutoCAD 2010 绘制平面图的基本方法有两种。一种方法是由三维模型自动生成,可以通过三维绘图模型实现,主要利用不同视口的定义和视图的确定等操作,直接得到该视图。另一种方法是采用 AutoCAD 2010 的基本二维绘图命令进行操作。本章的 3 个平面图将用此方法绘制。

建筑平面图绘制的一般步骤为：

(1)绘图环境设置。

(2)轴线绘制及柱网。

(3)墙线绘制。

(4)柱绘制。

(5)门窗绘制。

(6)阳台绘制。

(7)楼梯、台阶绘制。

(8)室内布置。

(9)室外周边景观(底层平面图)。

(10)尺寸、文字标注。

(11)添加图框、打印出图。

7.2 宿舍楼的一层平面图的绘制

7.2.1 工作任务

用 AutoCAD 绘制建筑平面图，参考图样如图 7.1 所示。该平面图为某宿舍楼的一层平面图。

1. 绘图要求

(1)绘图比例为 1:1，出图比例为 1:100，采用 A2 图框，字体采用仿宋体。

(2)图中未明确标注的家具尺寸、洁具尺寸等，可自行估计。

提示：将绘制的建筑平面图，由于图中粗实线比较多，为提高绘图效率，绘制方法有所改变。在 AutoCAD 2010 绘图过程中全部采用细线绘制，对于需要加粗的线，根据线宽不同设置为不同的颜色，最后出图时将按照颜色来设置线宽，因此图形输出后图线是符合要求的，但是在 AutoCAD 2010 绘图时粗实线将都不显示。

2. 绘图设置

(1)设置绘图环境。

(2)设置图形界限(limits)。对于初学者来说，为了避免图形跑到视图区外造成绘图不便，可以预先对绘图区进行设置，设置绘图区的尺寸大于需要绘制图形的大小，保证图形都在可视的绘图区内。根据绘图要求，出图比例为 1:100，出图后 A3 图框的图幅实际尺寸为 420 mm×297 mm，因此绘图时要将实际尺寸放大 100 倍，本图纸设置的图形界限为 70 000 mm×40 000 mm。

提示：在建筑工程图中，一般未做说明的尺寸单位均为 mm。在后面的绘图过程中如果未特别说明，则尺寸单位均为 mm。

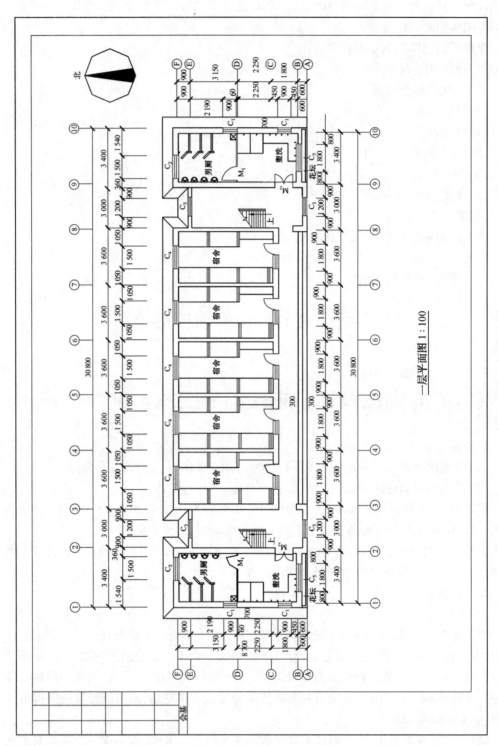

一层平面图 1:100

图 7.1 某宿舍楼一层平面图

设置图形界限的操作步骤如下：

第 1 步：选择下拉菜单"格式"→"图形界限"菜单项。或者在命令行提示"命令："栏输入：limits，按"空格"键确认。

第 2 步：此时命令行出现两行提示：

重新设置模型空间界限：

指定左下角点或[开(ON/关(OFF)]<0.0000,0.0000>：　　　　按"空格"键确认

提示：[开(ON/关(OFF)]选项用于控制界限检查功能的开关。曾经介绍过，此处不再赘述。

第 3 步：此时命令行提示：

指定右上角点<420.0000,297.0000>：　　输入：70000,40000，并确认

第 4 步：在命令行窗口提示：

命令：　　　　　　　　　　　　　　　输入 Z，并确认

第 5 步：此时系统提示：

指定窗口的角点，输入比例因子(nX 或 nXP)，或者[全部(A)]/中心(C)/动态(D)/范围(E)/上一个(P)/比例(S)/窗口(W)/对象(O)<实时>：　　　　输入：A，并确认

此时全屏显示所设定的图形界限，绘图区显示区域略大于图形界限的大小。图形界限设置完毕。

绘图过程中有时需将图形全部显示在程序窗口中。要实现这个目标，可选取菜单命令"视图"→"缩放"→"范围"。

(3)隐藏 UCS 图标。AutoCAD 在默认的情况下是显示世界坐标系统 UCS 图标的，如果用户觉得图标影响图形显示，可以使用菜单设置将其隐藏。操作步骤为：鼠标左键单击下拉菜单"视图"，移动光标到"显示"→"UCS 图标"→"开"并点击，将其前面的"√"去掉，如图 7.2 所示。

图 7.2　"USC 图标开关"下拉菜单

(4)设置鼠标右键和拾取框。鼠标右键可以替代 Enter 键或者"工具"键的确认功能，使用鼠标右键来确认命令非常方便，可以提高绘图速度，但是需要在绘图之前进行右键设置。操作步骤为：

第 1 步：鼠标左键单击下拉菜单"工具"，移动光标到"选项"单击，在弹出的选项对话框里单击"用户系统配置"按钮，对话框变成如图 7.3 所示界面。

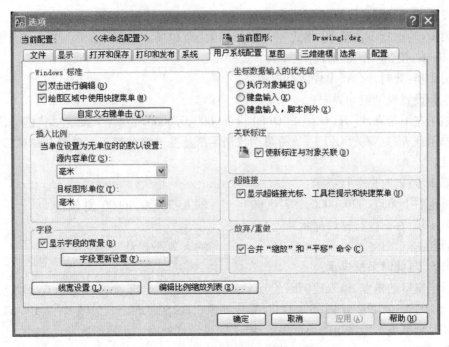

图7.3 "选项"对话框中的"用户系统配置"选项卡

第2步：点击"自定义右键单击"按钮，弹出"自定义右键单击"对话框，如图7.4所示。在"默认模式"和"编辑模式"选中"确定"，点击"应用并关闭"按钮退出。

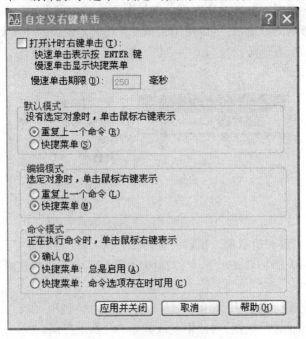

图7.4 "自定义右键单击"对话框

第3步：在"选项"对话框里单击"选项"按钮，对话框变成如图7.5所示界面，然后用鼠标左键拖动拾取框右边的滑块到适当位置，最后点击"确定"退出。

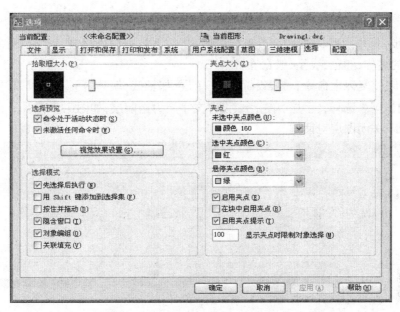

图 7.5　"选项"对话框中的"选择"选项卡

（5）设置对象捕捉。AutoCAD 默认的对象捕捉只选中了端点、圆心、交点和延伸 4 个捕捉模式，在绘图时还要经常用到中点、节点和垂足等捕捉模式，用户需要在绘图前进行对象捕捉设置。操作步骤为：鼠标右键单击状态行"对象步骤"按钮，选择"设置"单击，弹出如图 7.6 所示对话框，勾选端点、中点、圆心、节点、交点、延伸和垂足选项，然后点击"确定"退出。

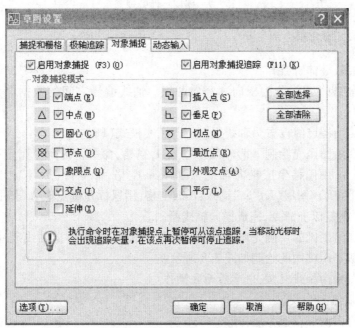

图 7.6　"草图设置"对话框中"对象捕捉"选项卡

（6）设置图层。

第 1 步：打开图层按钮 ![图标]。点击新建 ![图标]，将在下方空白处出现一个新的图层。然后定义图层的名称、颜色、线型、线宽等。

第 2 步：重复以上命令，一般设置 7 ~ 8 个层，如轴线、墙体、门窗、家具、楼梯散水、尺寸、文字图框等。选择文字层，单击 ![图标]，设置文字层为当前层，如图 7.7 所示。

第 3 步：关闭图层对话框。

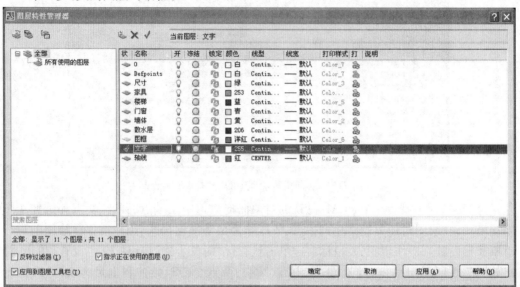

图 7.7　图层特性管理器

7.2.2　绘图步骤

1. 绘制轴线、墙体、门窗

（1）绘制轴线。轴线分为横向和竖向两组。轴线编号之间的数据即为轴线间的尺寸。操作步骤：

第 1 步：当前层已经设置为轴线层。打开正交模式（F8）。

第 2 步：在绘图区先绘制 A 号轴线。输入：l，空格，命令行提示："指定第一点"：在左侧距轴线间尺寸，用偏移生成横向轴线。输入：o，空格，命令行提示："指定偏移距离或［通过（T）/删除（E）/图层（L）］："输入：700，空格，用鼠标左键点取 A 号轴线向上偏移生成 B 号轴线。重复以上命令，完成横向轴线绘制。

第 3 步：在绘图区的左侧先用 l 命令绘制 1 号轴线，然后根据轴线尺寸，用偏移生成竖向轴线，完成竖向轴网的绘制如图 7.8 所示。

提示：需与横向轴线交叉，便于后面的操作。

（2）绘制墙体。

第 1 步：将当前层设置为墙体层。

第 2 步：用多线命令绘制双线墙。绘制完毕后分解双线墙，并用修剪（tr）及圆角（f）命令整理墙线。

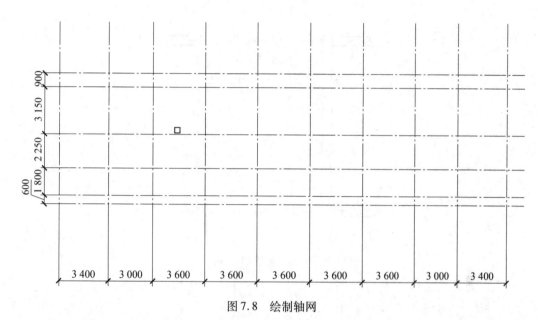

图 7.8　绘制轴网

第 3 步：开门窗洞口。首先用直线命令(l)完成窗洞口线 AB。输入：l，空格，命令行提示："指定第一点："此时对象捕捉和对象追踪状态为开，鼠标靠近点 E，捕捉点 E 为基准点，鼠标左键不需要点击，显示点 E 已被自动捕捉即可，然后指定方向水平向右，输入780，找到直线起点 A，做垂直线 AB。输入：o，空格，命令行提示："指定偏移距离或[通过(T)/删除(E)/图层(L)]："输入：1 200，空格，用鼠标左键点取直线 AB，完成窗洞口右侧线 CD(图 7.9)。最后用 TR 修剪命令修剪出洞口(图 7.10)。用同样方法完成门窗洞口的绘制，如图 7.11 所示。

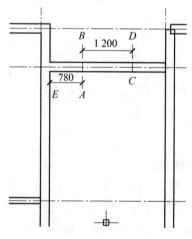

图 7.9　绘制洞口线

(3)绘制门窗。

第 1 步：将当前层设置为门窗层。

第 2 步：用多线命令(ml)绘制窗。相同的门窗可以复制，这样绘图更快捷，比如 5 个房间的门连窗部分。

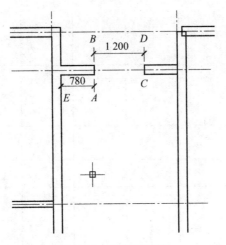

图 7.10 修剪洞口线

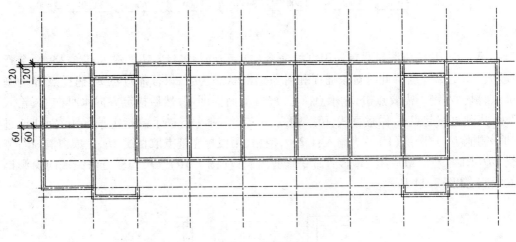

图 7.11 绘制墙体

第 3 步:用直线命令(l)绘制门扇。并以起点、端点、半径的方法作 $\frac{1}{4}$ 圆弧(图 7.12)。

2. 绘制楼梯、散水及其他

(1)绘制楼梯。

第 1 步:将当前层设置为楼梯层。

根据楼梯详图中的尺寸,首先用直线命令(l)完成第一踏步线。输入:l,空格,命令行提示:"line 指定第一点",此时对象捕捉和对象追踪状态为开,鼠标靠近点 A,捕捉点 A 为基准点,鼠标左键不需要点击,显示点 A 已被自动捕捉即可,然后指定方向垂直向上,输入:1 280,找到直线起点 B,作水平直线长度为 1 300,完成第一根踏步线。输入:o,空格,命令行提示:"指定偏移距离或[通过(T)/删除(E)/图层(L)]<通过>",输入:280,空格,用鼠标左键点取第一个踏步线向上偏移,重复以上命令,完成踏步绘制。

第 2 步:点取左向内侧墙线向右偏移 1 300 生成扶手线,扶手双线距离为 70。用修剪命令(tr)剪掉右侧多余线段。

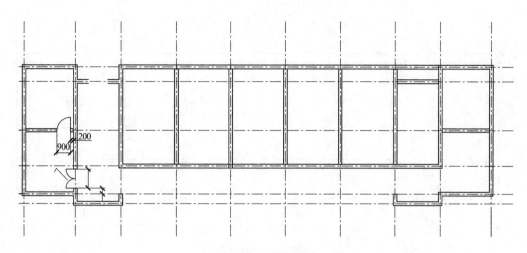

图 7.12 绘制门窗

第3步:绘制折断线,并修剪多余线段,并用多段线命令(pl) 绘制箭头(图7.13)。

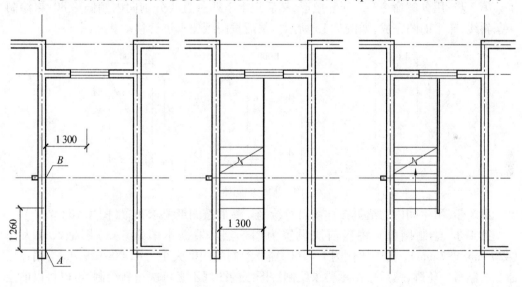

图 7.13 绘制楼梯

(2)绘制散水。

第1步:将当前层设置为散水层。用多段线命令(pl)画出建筑的外围轮廓线。

第2步:将外围轮廓线向外侧偏移700,即为散水层。在转弯处绘制45°直线连接二角点。如图7.14所示。

(3)绘制其他(家具、洁具及图框等)。

第1步:将当前层设置为家具层。用矩形命令(rec)绘制房间内部的床。床的尺寸为2 000×1 000。输入:rec,空格,命令行提示:"指定第一角点或[倒角(C)/标高(E)/圆角(F)厚度(T)/宽度(W)]:",在空白处指定矩形第一点,命令行提示:"指定另一个角点或[面积(A)/尺寸(D)/旋转(R)]:",输入:d,空格,指定矩形的长度<0.0000>:输入:

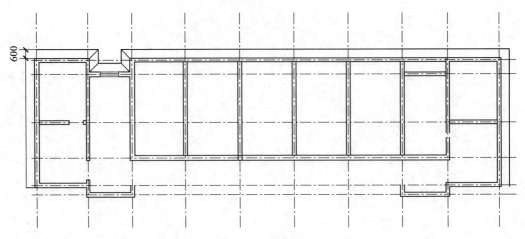

图 7.14 绘制散水

1 000,空格;指定矩形的宽度<0.0000>:输入:-2 000,空格;点击鼠标左键完成矩形绘制。

第 2 步:用分解命令(x)分解矩形,然后把上下两条直线分别向内侧偏移 80,再绘制一条斜线,床平面图完成,如图 7.15 所示。最后按图纸要求进行移动和复制。

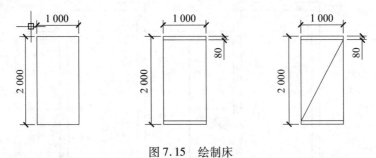

图 7.15 绘制床

第 3 步:卫生间内的洁具按详图自行绘制。然后按图纸要求布置(图 7.16)。

第 4 步:绘制图框。将当前层设置为图框层。根据本图幅(A3)图框尺寸大小(420 mm×297 mm),出图比例为 1∶100,需要绘制的图框大小为 42 000×29 700。用矩形命令绘制最外轮廓,然后按图示要求绘制。图纸的图框不必每次重新绘制,可以将以前绘制好的图纸的图框插入进来,然后按照需要进行修改(图 7.17)。

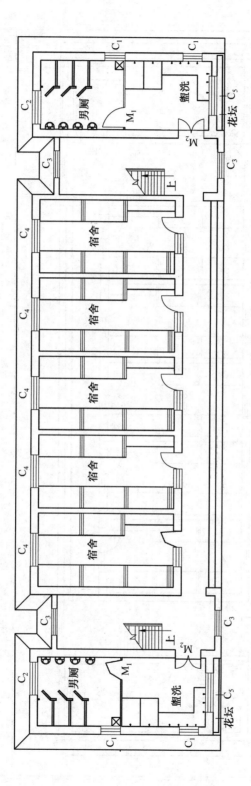

图7.16　绘制卫生间

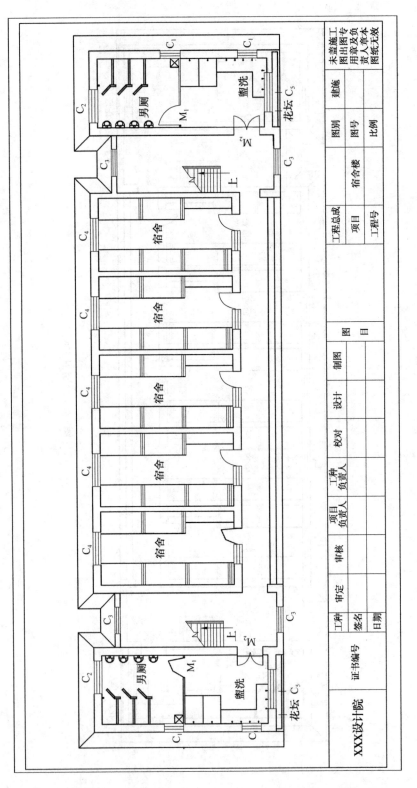

图7.17 插入图框

7.2.4 标注尺寸和文字

1.尺寸标注

（1）设置标注样式。鼠标左键单击下拉菜单"标注"，移动光标到"标注样式"并点击，或者在命令行输入:d,空格,弹出"标注样式管理器"对话框如图7.18所示。

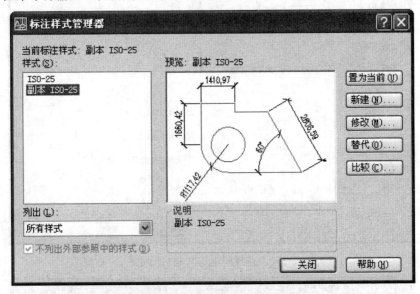

图 7.18 "标注样式管理器"对话框

点击"标注样式管理器"对话框右侧的"新建"按钮,在弹出的" 创建新标注样式"对话框里输入新样式名的名称(例如:标注 1),如图7.19所示。单击"继续"按钮将弹出"新建标注样式"设置对话框。修改"基线间距"和"超出尺寸线"的值为1,"起点偏移量"的值为2,如图7.20所示。

图 7.19 "创建新标注样式"对话框

点击"新建标注样式"对话框上的"符号和箭头"按钮将切换到"符号和箭头"的设置界面,如图7.21所示,按图示界面设置。

点击"新建标注样式"对话框上的"文字"按钮将切换到文字的设置界面,按照如图7.22所示进行设置,然后点击文字样式后面的....按钮,将弹出如图7.23所示的"文字样式"设置对话框,设置字体为 simplex. shx,字高为0,高宽比为0.7即可。

点击"新建标注样式"对话框上的"调整"按钮将切换到调整界面,按照如图7.24所

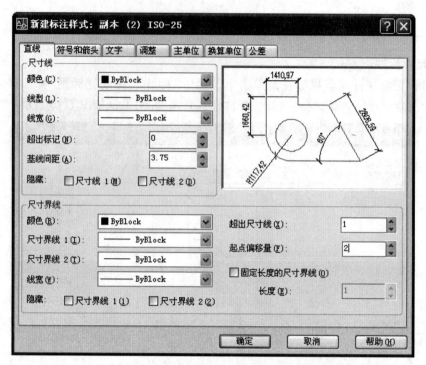

图 7.20　修改"基线间距"和"超出尺寸线"对话框

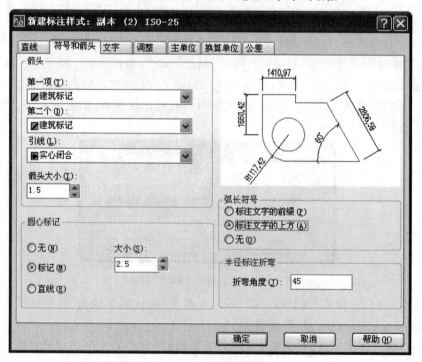

图 7.21　"符号和箭头"选项卡

示进行设置即可。

　　点击"新建标注样式"对话框上的"主单位"按钮将切换到主单位界面,按照如图7.25

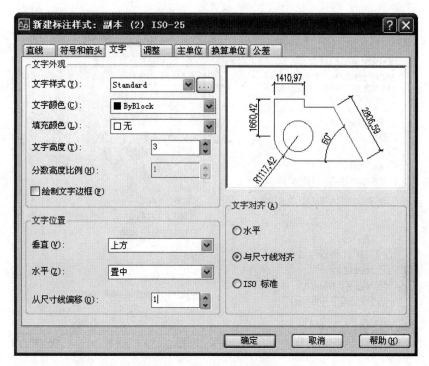

图 7.22 "文字"设置选项卡

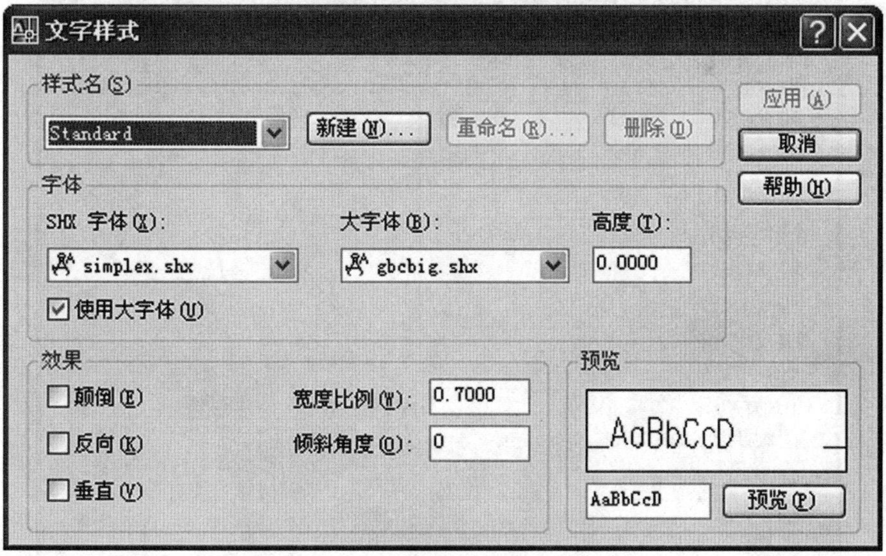

图 7.23 "文字样式"设置对话框

所示进行设置即可。最后点击"确定"即可完成标注样式的所有设置。

点击"新建标注样式"对话框上的"确定"按钮将回到最初界面。点击左侧"标注 1"按钮,点击右侧"置为当前"按钮,即完成标注样式的所有设置(图 7.26),最后点击对话框上的"关闭"按钮。

(2)将当前层设置为尺寸层,按图纸要求进行尺寸标注。

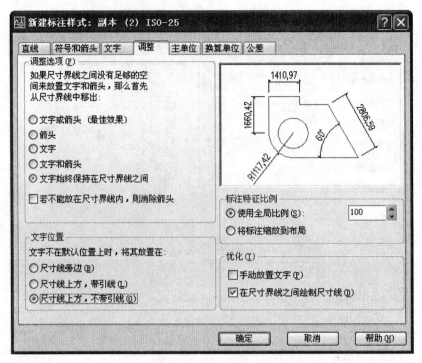

图 7.24 "调整"设置选项卡

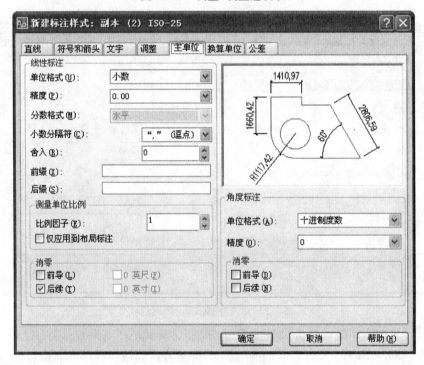

图 7.25 "主单位"设置选项卡

2.文字标注

（1）设置文字样式。根据任务要求,设置绘制比例为1:1,出图比例为1:100,字体

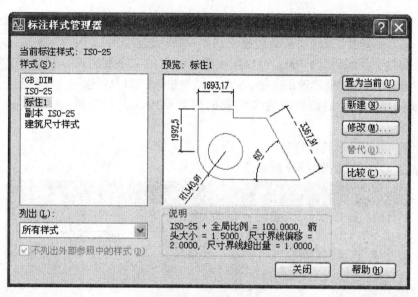

图 7.26 完成标注设置

为仿宋体。在标注文字之前应新建名为"宋体"的文字样式,文字高度比为 0.7,高度为 500。

鼠标左键单击下拉菜单栏"格式",移动光标到"文字样式",并用鼠标左键点击,或者在命令行输入:st,空格,弹出"文字样式"对话框,如图 7.27 所示。在对话框里点击"新建"按钮,输入样式名称,例如"宋体"。然后在字体名下拉框里选择"txt. shx",字高输入500,宽度比例输入 0.7,用鼠标左键点击"应用"按钮,并关闭对话框。

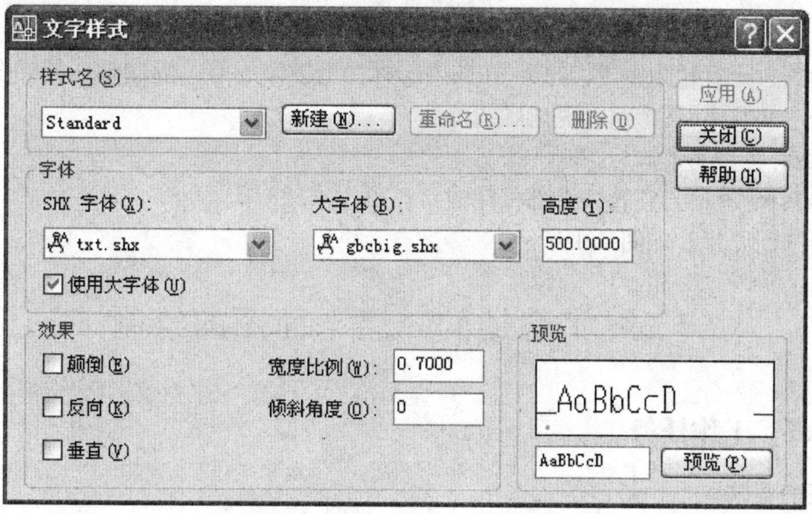

图 7.27 "文字样式"对话框

(2)输入文字。将当前层设置为文字层,在如图 7.28 所示的文字样式控制工具栏里选择"宋体"。打开正交开关,输入:dt,用鼠标左键指定文字起点,输入旋转角度为"0",然后打开输入法输入文字即可。按此方法可完成图中所有文字的输入。也可只输入某行文字,然后将其复制到其他位置,双击进行内容修改。

（3）改文字高度。图名"某宿舍楼一层平面图"这些文字要大一些,绘图时的实际高度为 700。可以先将刚才输入的文字复制到图名的位置,然后选中要修改的文字,输入:mo,空格,在"对象特性"对话框里将高度一栏的数字改成 700,同时对文字内容也一并做修改。

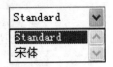

图 7.28　文字样工具栏

（4）绘制轴线号极其他符号。

①设置文字样式如图 7.29 所示。

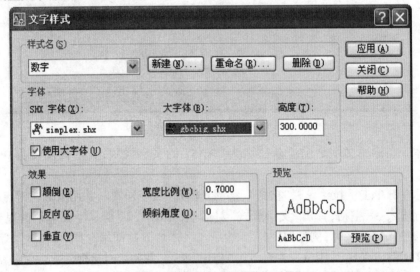

图 7.29　"文字样式"对话框

②绘制一个直径为 1 000 的圆,在圆内部标注上数字编号。复制轴线号到图示位置,然后双击中间数字,逐个修改完成轴线绘制。

提示:将文字高度改为 700。

③绘制标高符号,在直线上部标注数字。

④绘制指北针。如图 7.1 所示。

7.3　宿舍楼的二层平面图的绘制

7.3.1　工作任务

1. 任务要求

用 AutoCAD 绘制建筑平面图,参考图样如图 7.30 所示。该平面图为住宅楼二层平面图。

2. 绘图要求

（1）绘图比例为 1∶1,出图比例为 1∶100,采用 A2 图框,字体采用仿宋体。

（2）图中未明确标注的家具尺寸、洁具尺寸等,可自行估计。

7.3.2 绘图步骤

1. 设置绘图环境

(1)设置图形界限。

①选择菜单命"格式"→"图形界限",按 1:1 的比例绘制图形,此时命令行提示:

命令:limits

重新设置模型空间界限:

指定左下角点或[开(ON)/关(OFF)]<0.0000,0.0000>:　按 Enter 键

指定右上角点<420.0000,297.0000>:42000,29700　　　输入另一角点位置

②单击全部缩放按钮⊕,显示全部作图区域,这样就可以按照 1:1 的比例绘制图形。

(2)隐藏 UCS 图标。

(3)设置鼠标右键和拾取框。

(4)设置对象捕捉。

(5)设置图层。单击图层特性管理器按钮▓,在"图层特性管理器"对话框中设置图层,结果如图 7.31 所示。

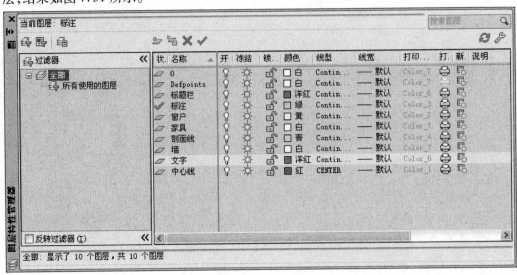

图 7.31　"图层特性管理器"对话框中的图层设置

(6)设置多线样式。

①选择菜单命令"格式"/"多线样式",弹出"多线样式"对话框,如图 7.32 所示。

②单击 [新建(N)…] 按钮,在打开的"创建新的多线样式"对话框中输入新样式名"24Wall",如图 7.33 所示。

③单击"继续"按钮,打开"新建多线样式"对话框,修改其中的参数设置,如图 7.34所示。

④单击"添加(A)"按钮,在两条平行线之间再加入一条中线,单击"线型(Y)"按钮,在弹出的"选择线型"对话框中单击"加载(L)…"按钮,如图 7.35 所示,在弹出的"加载或重载线型"对话框中选择"CENTER"线型,如图 7.36 所示。

图 7.32　"多线样式"对话框

图 7.33　"新建新的多线样式"对话框

⑤单击"确定"按钮,返回"选择线型"对话框,选择"CENTER"线型,再单击"确定"按钮,关闭"选择线型"对话框,此时墙中线为"CENTER"线型。

⑥在"新建多线样式"对话框中,确认中线为被选择状态,在"颜色"下拉列表中选取"红"色,此时,"新建多线样式"对话框如图 7.37 所示。

⑦单击"确定"按钮,关闭"新建多线样式"对话框,返回"多线样式"对话框。

⑧用相同方法设置以下两种多线样式作为内墙。

"12wall_2",平行线间距为"70",无中线。

"12wall_3",平行线间距为"70",无中线。

⑨单击"确定"按钮,关闭"多线样式"对话框。

⑩选择菜单命令"格式"/"线型",在"线型管理器"对话框中将"全局比例因子"设置为"50",单击"确定"按钮,关闭"线型管理器"对话框。

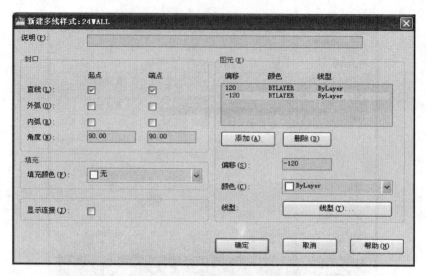

图 7.34 "新建多线样式"对话框

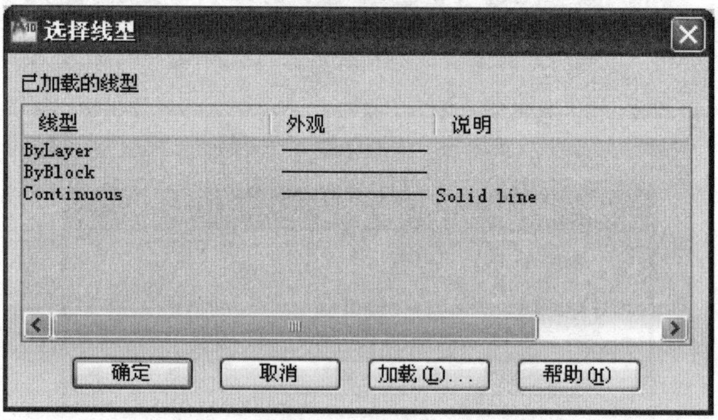

图 7.35 "选择线型"对话框

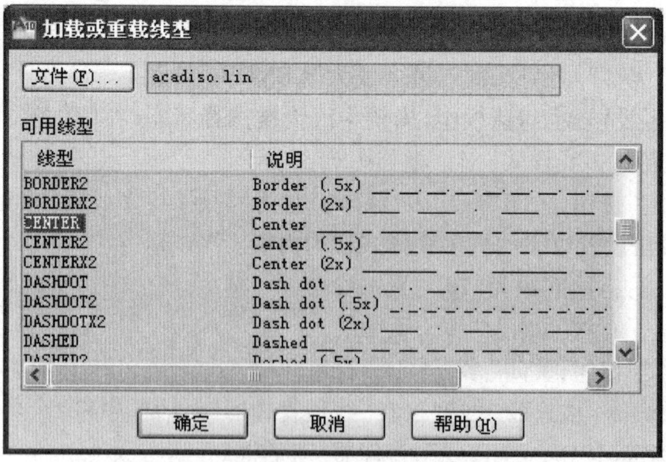

图 7.36 "加载或重载线型"对话框

图 7.37　"新建多线样式"对话框

7.3.3　绘制外墙和内墙

继续上一节的操作步骤,在绘制好内、外墙后还要对墙之间的接头进行修改,如图 7.38 所示,其中利用"编辑多线"命令可以有效地提高工作效率。

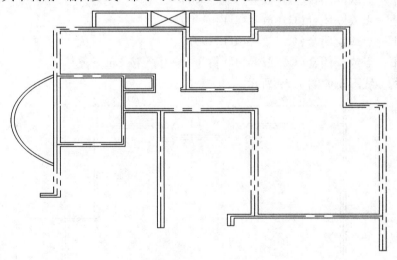

图 7.38　修改后的内、外墙

1. 绘制外、内墙体

(1)绘制外墙体。

①将"墙"层设置为当前层。

②单击"正交"按钮,选择菜单命令"绘图"/"多线",命令行提示:

命令:mline

当前设置:对正=上,比例=20.00,样式=STANDARD

指定起点或[对正(J)/比例(S)/样式(ST)]:st

输入多线样式名或[?]:24wall

指定起点或[对正(J)/比例(S)/样式(ST)]:j

输入对正类型[上(T)/无(Z)/下(B)]:z

当前设置:对正=上,比例=20.00,样式=24wall

指定起点或[对正(J)/比例(S)/样式(ST)]:s

输入多线比例<20.00>:1

当前设置:对正=无,比例=1.00,样式=24wall

指定起点或[对正(J)/比例(S)/样式(ST)]: 在屏幕适当位置单击左键,确定多
线起点

指定下一点:700

指定下一点或[放弃(U)]:10380

指定下一点或[/闭合(C)/放弃(U)]:4500

指定下一点或[/闭合(C)/放弃(U)]:700

指定下一点或[/闭合(C)/放弃(U)]:2400

指定下一点或[/闭合(C)/放弃(U)]:700

指定下一点或[/闭合(C)/放弃(U)]:3200

指定下一点或[/闭合(C)/放弃(U)]:4800

指定下一点或[/闭合(C)/放弃(U)]:1300

指定下一点或[/闭合(C)/放弃(U)]:9070

指定下一点或[/闭合(C)/放弃(U)]: 按 Enter 键

绘制的多线形态如图 7.39 所示。

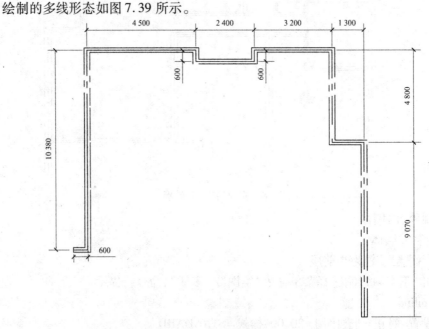

图 7.39　外墙多线形态

（2）绘制内墙。

重复多线命令。

命令：mline

当前设置：对正＝上，比例＝1.00，样式＝24wall

指定起点或［对正（J）／比例（S）／样式（ST）］：st

输入多线样式名或［？］：12wall-3

当前设置：对正＝无，比例＝1.00，样式＝12wall-3

指定起点或［对正（J）／比例（S）／样式（ST）］：2940

指定下一点：3370

指定下一点或［放弃（U）］：920

指定下一点或［/闭合（C）放弃（U）］：1070

指定下一点或［/闭合（C）放弃（U）］：　　　　　　按 Enter 键

绘制的多线形态如图 7.40 所示。

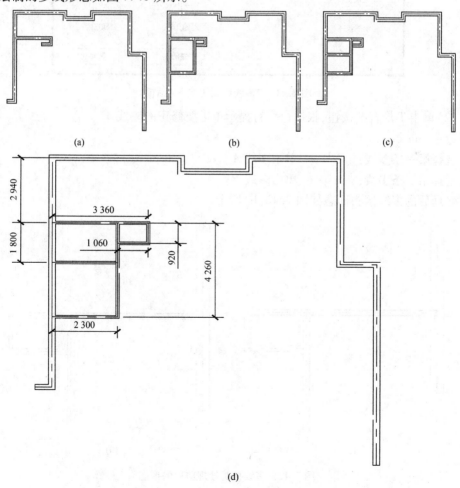

图 7.40　内墙多线形态

2.编辑多线

(1)选择菜单命令"修改"→"对象"→"多线",打开"多线编辑工具"对话框,如图7.41所示。

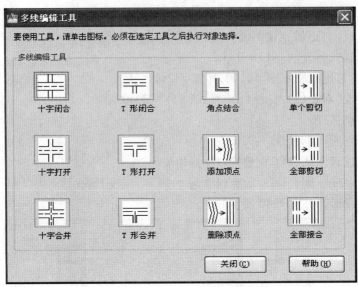

图 7.41 "多线编辑工具"对话框

(2)单击 T 形合并按钮,根据命令行提示单击要修正的多线。

命令:mledit

选择第一条多线：　　　　单击多线 *A*

选择第二条多线：　　　　单击多线 *B*

修理后的多线接头形态如图7.42(b)所示。

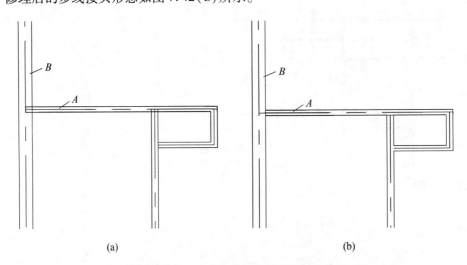

(a) (b)

图 7.42 多线接头处理前后的形态

(3)利用相同的方法,处理其他接头,全部处理完后按 Enter 键结束。

3. 绘制其他墙体,并进行多线编辑

（1）以"24Wall"多线样式绘制一段多线,尺寸如图 7.43 所示,并将其接头修改成图 7.42 所示的形态。

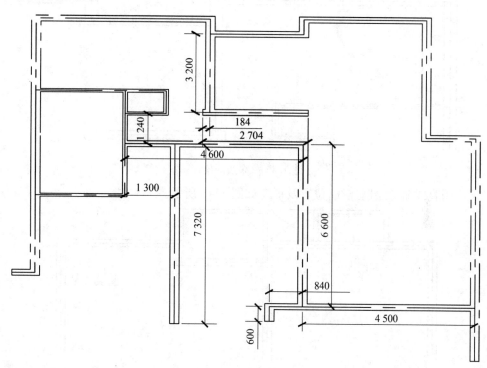

图 7.43　多线的尺寸及编辑后的结果

（2）以"12-2Wall"多线样式绘制一段多线,对正方式为"下",尺寸及位置如图 7.44 所示。

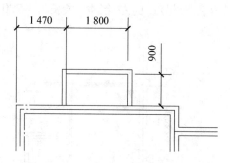

图 7.44　多线位置及尺寸设置

（3）以"12-2Wall"多线样式绘制一段多线,形态如图 7.45 所示。

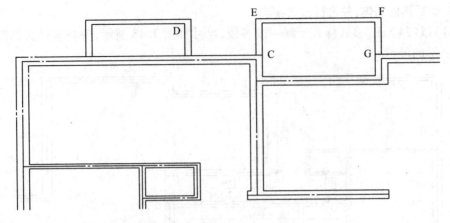

图 7.45　多线的位置

（4）用直线命令绘制连线，位置及形态如图 7.46 所示。

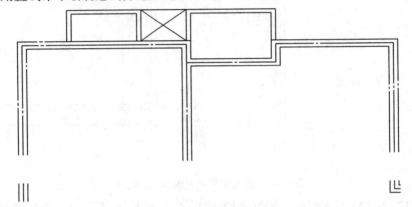

图 7.46　连线的位置

（5）单击直线按钮，以 H 点为起点，向左绘制一条长为 1 720 的水平辅助线 J，单击偏移命令。如图 7.47 所示。

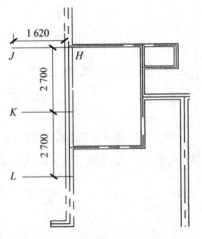

图 7.47　各辅助线的位置

（6）选择菜单命令"绘图"/"圆弧"/"三点"，利用 3 点画圆弧方法分别捕捉辅助线 J 与多线的角点，辅助线 K 的外端点和辅助线 L 与多线的交点画圆弧，如图 7.48（a）所示，然后删除 3 根辅助线，结果如图 7.48（b）所示。

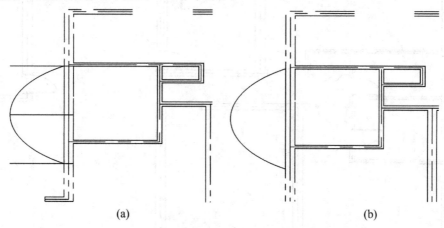

(a)　　　　　　　　　　　　(b)

图 7.48　圆弧的位置及删除辅助线后的效果

（7）将圆弧向外偏移 120，并利用延伸命令将偏移出来的圆弧延伸到多线上，结果如图 7.49 所示。

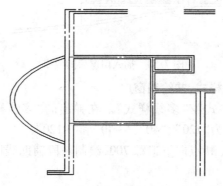

图 7.49　圆弧偏移、延伸后的结果

7.3.4　绘制窗和门大样

窗可以利用多线替代，在绘制好门大样后需要将其创建成图块，然后再插入到当前图形中，绘制结果如图 7.50 所示。

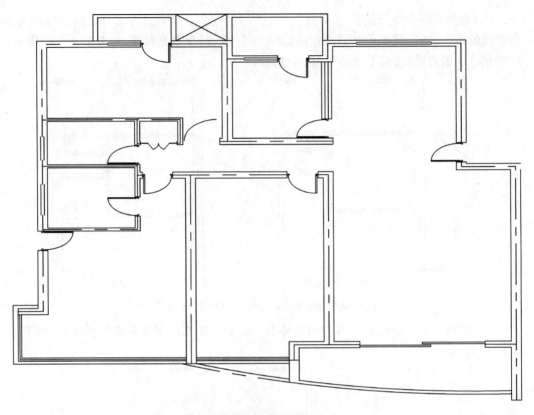

图 7.50 插入门窗后的效果

1. 创建代表窗的多线样式，并绘制窗户

（1）选择菜单命令"格式"/"多线样式"。在弹出的"多线样式"对话框中创建名为"Window"的多线，其线型为"120"、"40"、"–40"和"–120"。

（2）单击直线按钮，从 M 点向下追踪 700，绘制一段辅助线段，位置及尺寸如图 7.51 所示。

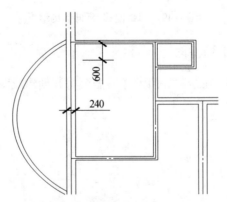

图 7.51 辅助线位置及尺寸

（3）将辅助线向下偏移 900，选择菜单命令"修改"/"对象"/"多线"，在弹出的"多线编辑工具"对话框中单击全部剪切按钮，命令行提示：

命令：mledit

选择多线：-int 于   捕捉交点 N

选择第二个点：-int 于   捕捉交点 P

选择多线或［放弃(U)］：   按 Enter 键

多线编辑结果如图 7.52 所示。

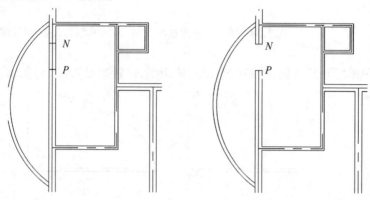

图 7.52　多线编辑前后的效果比较

将"窗户"层设置为当前层。

选择菜单命令"绘图"/"多线"，多线样式为"Window"，对正为"无"，捕捉断口处的中点绘制多线，结果如图 7.53 所示。

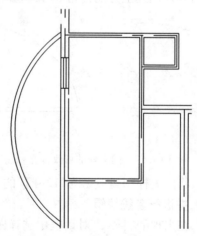

图 7.53　窗户多线的位置

2. 绘制门大样并定义成图块

(1)单击"直线"按钮，绘制一条长 750 的垂直线段。

(2)单击"矩形"按钮，在屏幕空白处绘制边长为 70 的正方形，如图 7.54(a)所示，单击"打断于点"按钮，在两个中点处将其打断，然后利用夹点修改功能将其修改成如图 7.54(b)所示的形态。

(3)单击"移动"按钮，将矩形移动至线段的底部，然后再单击"镜像"按钮，将矩形镜像到垂直线段的另一端结果如图 7.55 所示。

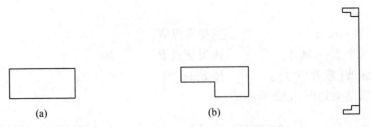

图 7.54　矩形的修改过程　　　　图 7.55　矩形移动及镜像后的结果

（1）单击"矩形"按钮，绘制（790，30）的矩形，位置如图 7.56（a）所示。

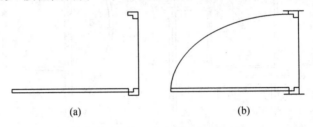

图 7.56　矩形和圆弧的位置

（2）以"起点、端点、角度"方式绘制圆弧，形态如图 7.56（b）所示，其中角度值为 90°。

删除最右侧的垂直线段，再绘制一条长 120 的水平线段，以中点为基点，将其移动到下方拐角的中点处，然后再将其复制到上方的挂角处，结果如图 7.57 所示。

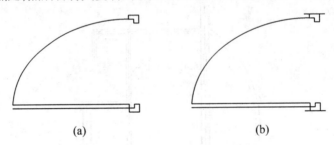

图 7.57　门大样的修改过程

（3）单击"创建块"按钮，将门大样创建成名为"12-门"的图块。

3. 在图形中插入门图块，并进行多线编辑

（1）单击"插入块"按钮，在出现的"插入"对话框中选择图块"12-门"，然后单击"确定"按钮，在内墙与中线的交点处插入图块。

（2）选择菜单命令"修改"/"对象"/"多线"，单击"全部剪切"按钮，配合"捕捉到的交点"按钮，分别选择多线与门图块的两个交点，剪切到此部分的多线，结果如图 7.58 所示。

（3）按相同方法在其他墙体上插入门图块，绘制窗户，并对多线进行编辑。其中双开门的图块名为"12-D"，尺寸如图 7.59（a）所示，拉门图块名为"24-D"，尺寸如图 7.59（b）所示。

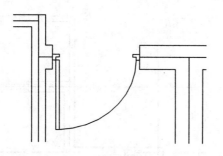

图 7.58 门图块插入后的结果

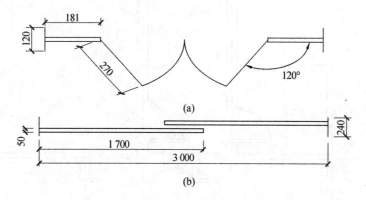

图 7.59 门大样的修改过程

7.3.5 标注尺寸和文字

标注尺寸和文字同 7.2.4 小节,在此不再赘述。

习 题

1. 建筑平面图包括什么内容?
2. 建筑平面图分为哪几类?
3. 建筑平面图的绘制步骤?
4. 在装修平面图中最关键的是什么?
5. 设置绘图环境包括哪些工作? 绘图环境对于制图图样有什么重要性?
6. 绘制如图 7.60 所示的居室建筑平面图。
7. 绘制如图 7.61 所示的居室建筑平面图。
8. 绘制如图 7.62 所示的别墅一层建筑平面图。
9. 绘制如图 7.63 所示的地下建筑平面图。

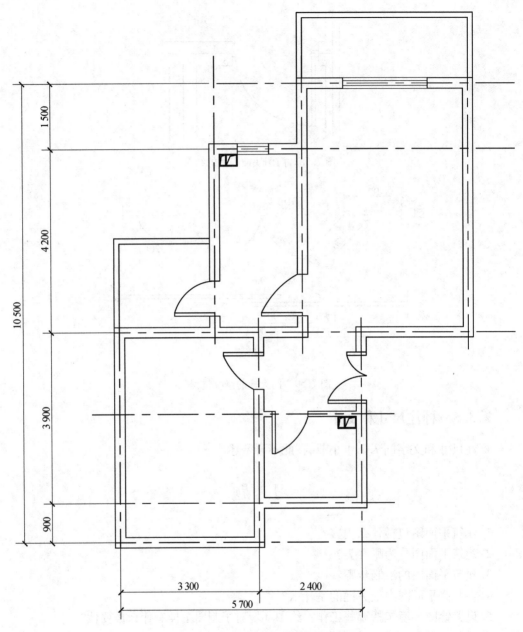

图 7.60　居室建筑平面图

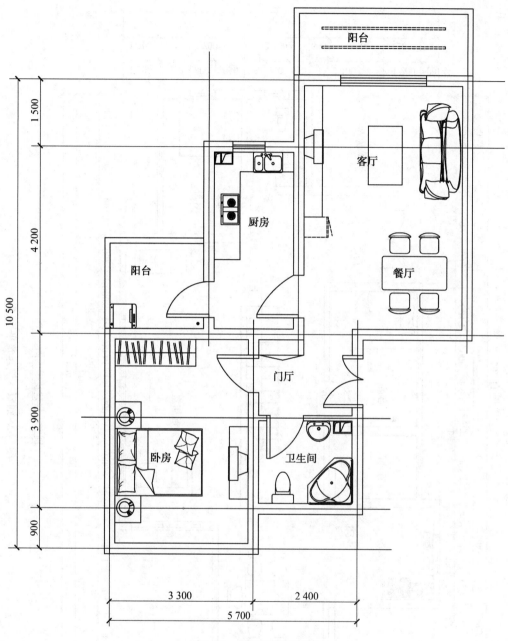

图 7.61 居室建筑平面图

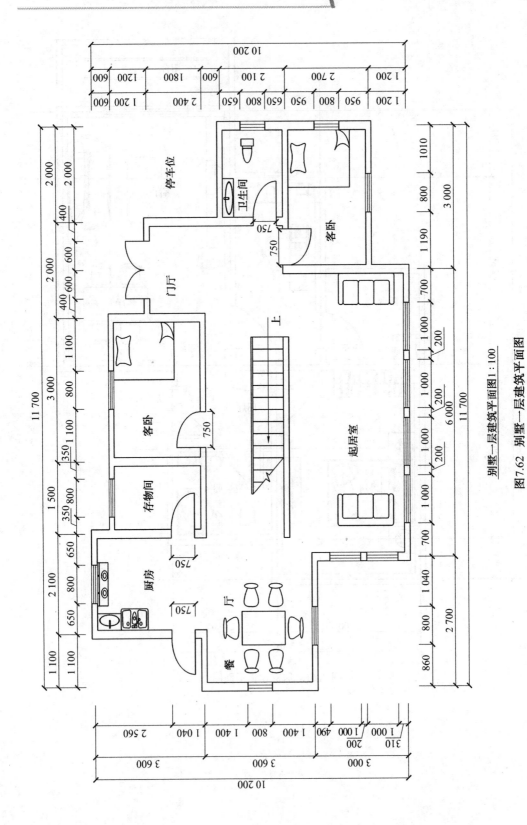

别墅一层建筑平面图1∶100

图7.62 别墅一层建筑平面图

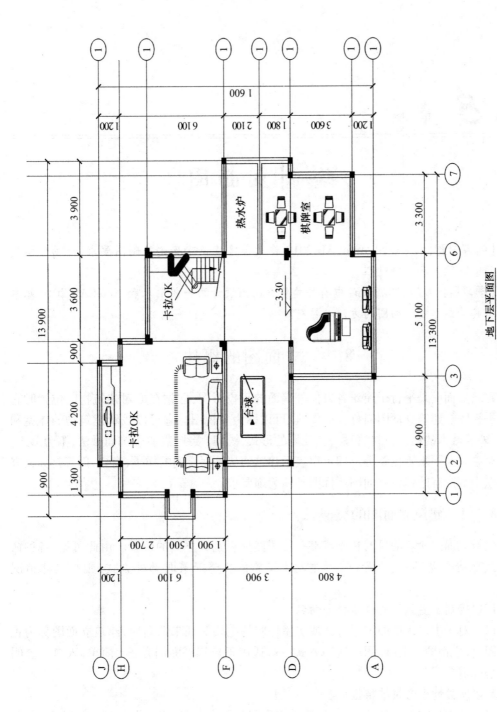

地下层平面图

图7.63　地下建筑平面图

第 8 章

绘制立面图

【内容提要】本章运用 AutoCAD 2010 将结合建筑规范及建筑制图要求,详细介绍建筑立面图的设计和绘制过程。

【学习目标】了解工程设计中有关建筑立面图设计的一般要求和 AutoCAD 2010 基本绘图工具绘制建筑立面图的方法与技巧。

8.1　立面图的概述

建筑立面图是平行于建筑各方向外墙面的正投影图,即站在面对建筑物的位置时它的水平视图。建筑立面图简称立面图,也可以称为立视图。它可以表示建筑物的体型和外貌,外墙墙面的面层材料、色彩,女儿墙的形式,线脚、腰线、勒脚等饰面做法,阳台形式、门窗布置以及雨水管位置等。即可以表示建筑物从外面看到的样子,窗户、门等是如何嵌入墙壁中等。有的建筑立面图还标明外墙装饰要求。

8.1.1　建筑立面图的类型

建筑立面图命名的目的在于能够一目了然地识别其立面的位置。由此可见,各种命名方式都是围绕"明确位置"这一主题来实施的。至于采取哪种方式,则视具体情况而定。

1. 以相对于主入口的位置特征命名

以相对于主语入口的位置特征或房屋外貌的主要等征来命名时,建筑立面图称为正立面图、背立面图、侧立面图。这种方式一般适用于建筑平面图方正、简单,入口位置明确的情况。

2. 以所处地理方位的特征命名

以所处地理方位的特征命名时,建筑立面图常称为南立面图、北立面图、东立面图、西立面图。这种方式一般适用于建筑平面图规整、简单,而且朝向相对正南正北偏转不大的情况。

3. 以轴线编号来命名

以轴线编号来命名是指用立面起止定位轴线来命名,比如 ①-⑥ 立面图、E-A 立面图等。这种方式命名准确,便于查对,特别适用于平面较复杂的情况。

根据国家标准 GB/T 50104—2001《建筑制图标准》,有定位轴线的建筑物立面图,宜根据两端定位轴线号编注立面图名称。无定位轴线的建筑物立面图,可按平面图各面的朝向确定名称。

4. 立面图图示内容的有关规定及要求

在通常情况下,图纸中应包括四个方向的立面图,即主视图、后视图、左右视图。有时还按建筑物的朝向确定立面图的名称为等轴测视图。

8.1.2　建筑立面图的图示内容

建筑立面图表示建筑物体型和外貌,图示内容主要为建筑施工和室外装修用,建筑立面图是建筑施工图中的重要图样,也是指导施工的基本依据,其主要内容包括以下 4 个方面:

(1)室内外的地面线、房屋的勒脚、台阶、门窗、阳台、雨篷;室外的楼梯、墙和柱;外墙的预留孔洞、檐口、屋顶、雨水管、墙面修饰构件等。

(2)用标高表示出建筑物的总高、各楼层高度、室内外地坪标高,以及外墙各个其他主要部位的标高。

(3)建筑物两端或分段的轴线和编号。

(4)标出各个部分的构造、装饰节点详图的索引符号。使用图例和文字表明建筑物外墙面所用的装饰材料及装饰面的布置情况及做法。

若在墙身中有剖面图的位置还应标明剖面符号。

8.1.3　图示特点

1. 比例

立面图的比例通常与平面相同,常用 1∶50、1∶100、1∶200 等较小比例绘制。

2. 定位轴线

在立面图中一般只画出建筑物两端的轴线及编号,以便与平面图相对照阅读,确定立面图的观看方向。

3. 图线

为了加强立面图的表达效果,使建筑物的轮廓突出、层次分明,通常选用的线型如下:层脊线和外墙最外轮廓线用粗实线(b),室外地坪线用加粗实线 ($1.4b$),所有凹凸部位如阳台、雨篷、线脚、门窗洞等用中实线($0.5b$),其他部分如门窗扇、雨水管、尺寸线、标高等用细实线($0.35b$)。其中 b 的选择可参照表 1.2 。

4. 图例

由于比例小,按投影很难将所有细部都表达清楚,如门、窗等都是用图例来绘制的,且只画出主要轮廓线及分格线,门窗框用双线。常用构造及配件图例可参阅相关的建筑制图书籍或国家标准,也可参照表 1.1 中的部分图例。

5. 尺寸和标高

立面图中高度方向的尺寸主要是用标高的形式标注,主要包括建筑物室内外地坪,各楼层地面、窗台、门窗洞顶部、檐口、阳台底部、女儿墙压顶及水箱顶部等处的标高尺寸。在所标注处画一水平引出线,标高符号一般画在图形外,符号应大小一致整齐排列在同一铅垂线上。必要时为了更清楚起见,可标注在图内,如楼梯间的窗台面标高。标高符号的注法及形式如图 8.1 所示。若建筑立面图左右对称,标高应标注在左侧,否则两侧均应标注。

(a) 左侧标注时   (b) 右侧标注时   (c) 特殊标注时

图 8.1 标高符号

除了标注标高尺寸外,在竖直方向还应标注三道尺寸。最外一道标注建筑的总高尺寸,中间一道标注层高尺寸,最里面一道标注室内外高差、门窗洞、垂直方向窗间墙、窗下墙、檐口高度等尺寸。立面图上水平方向一般不标注尺寸,但有时需标注出无详图的局部尺寸。

6. 其他标注

房屋外墙面的各部分装饰材料、具体做法、色彩等用指引线引出并加以文字说明,如东西端外墙为浅红色马赛克贴面,窗洞周边、檐口及阳台栏板边为白水泥粉面等。这部分内容也可以在建筑室内外工程作法说明表中给予说明。

7. 详图索引符号

为了反映建筑物的局部构造及具体作法,常配以较大比例的详图,并用文字和符号加以说明。凡需绘制详图的部位,均应画上详图索引符号,其要求和平面图相同。

8.1.4 建筑立面图绘制的一般步骤

建筑立面图的设计一般是在完成平面的设计之后进行的。用 AutoCAD 2010 绘制建筑立面图有两种基本方法:传统方法和三维模型投影法。

1. 传统方法

同平面图的绘制一样,传统方法是手工绘图方法和普通 AutoCAD 2010 命令的结合。这种绘图方法简单、直观、准确,只需以完成的建筑平面图作为生成基础,关闭不必要的图层(如尺寸标注、内部设备等),然后选定某一投影方向,根据平面图某一方向的外墙、外门窗等的位置和尺寸,直接利用 AutoCAD 2010 的二维绘图命令绘制建筑立面图。这种方法简单实用,能基本上体现出计算机绘图的优势,但是,绘制的立面图是彼此分离的,不同方向的立面图必须独立绘制。

2. 三维模型投影法

三维模型投影法是调用建筑平面图,关闭不必要的图层,删去不必要的图素,根据平面图的外墙、外门窗等的位置和尺寸,构造建筑物外表三维面模或实体模型。然后利用计算机优势,选择视点方向观察模型并进行消隐处理,即得到不同视点的建筑立面图。这种绘制方法的优点是:它直接从三维模型上提取二维立面信息,一旦完成建模工作就可生成任意方向的立面图,还可以在此基础上做必要的修整补充。因此从建筑形体、综合对比等方面看,建模方法更有利于立面设计的合理性。但该建模方法相对于传统方法操作较为复杂。

从总体上来说,立面图是在平面图的基础上引出定位辅助线,确定立面图的水平位置及大小,然后根据高度方向的设计尺寸确定立面图的竖向位置及尺寸,从而绘制出一个个图样。通常,立面图绘制的步骤如下:

(1)绘出地坪线、定位轴线、各层的楼面线或女儿墙的轮廓线、建筑物外墙轮廓线等。

(2)绘制立面门窗洞口、阳台、楼梯间以及墙身及暴露在外墙外面的柱子等可见的轮廓线。

(3)绘出门窗、雨水管、外墙分割线等立面细部。

(4)标注尺寸及标高,添加索引符号与必要的文字说明等内容。

(5)加图框和标题,并打印输出。

上面已学会了建筑平面图的绘制,对于建筑立面图,其方法也是一样的。对于平面图,先绘墙线、定位门窗再画楼梯、卫生间等细部。对于立面图应先定位室外地坪线、外墙轮廓线和屋顶线,然后再定位门窗位置、雨水管等细部。在立面图中,往往层的结构都是一样的,所以可以先完成一层,再阵列或复制,对不同的部位再做细部处理即可。

8.2　绘制前的准备工作

8.2.1　工作任务

用 AutoCAD 绘制建筑平面图,参考图样如图 7.1 所示。该平面图为某宿舍楼的底层平面图。

1. 绘图要求

(1)绘图比例为 1∶1,出图比例为 1∶100,采用 A3 图框,字体采用仿宋体。

(2)图中未明确标注的门窗分割尺寸、栏杆尺寸,可自行估计。

2. 绘图设置

(1)设置绘图环境;

(2)隐藏 UCS 图标;

(3)设置鼠标右键和拾取框;

(4)设置对象捕捉;

(5)设置图层。

方法同第 7 章。

8.2.2　绘图步骤

1. 绘制轴线、地坪线、外轮廓线

(1)绘制轴线。

立面图轴线分为横向和竖向两组。竖向轴线对应平面图中的开间尺寸,横向轴线为

建筑的层高线。操作步骤:

第1步:将当前层设置为轴线层。将平面图中的竖向轴线复制到图形下方合适位置。在竖向轴线靠下方绘制一条水平线,定义高度为±0.000线。根据标高数据,用偏移生成横向轴线。

第2步:在竖向轴线靠下方绘制一条水平线,定义高度为±0.000。根据标高数据,用偏移向上生成横向轴线(图8.2)。

提示:本单元插图给出的尺寸为绘制参考尺寸,并非要求绘制的内容,后面不再注解。

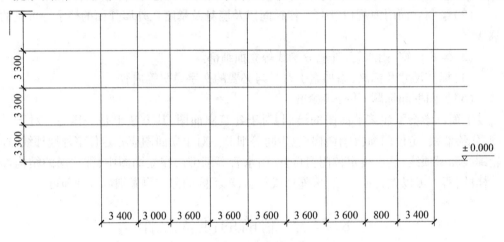

图8.2　绘制轴线

(2)绘制地坪线。

根据标高数据,将±0.000线向下偏移450,生成地坪线,并以地坪线为修剪边,修剪竖向轴线(图8.3)。

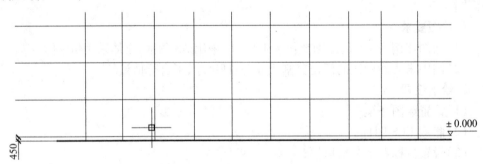

图8.3　绘制地坪线

提示:将地坪线修改到相应的层。

(3)绘制外轮廓线。

第1步:将当前层设置为外轮廓层。输入pl,空格,捕捉点A为基准点,然后根据输入相对直角坐标@ -120,0,找到直线起点B。

第2步:根据图纸尺寸绘制轮廓线(图8.4)。

第3步:绘制檐沟线,腰线等(图8.5)。

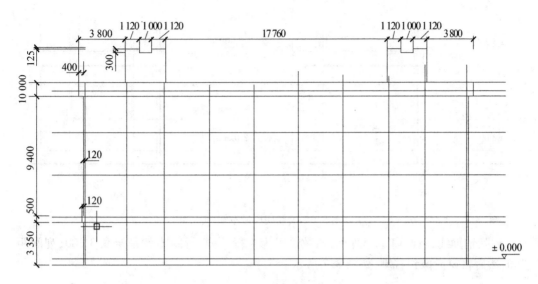

图 8.4　绘制轮廓线

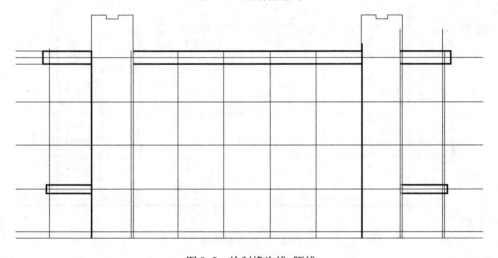

图 8.5　绘制檐沟线、腰线

2. 绘制门窗、立面材料及其他

（1）绘制门窗。

第 1 步：将当前层设置为门窗层，首先绘制底层最左侧窗。以轴线为基准线，根据平面图中窗的宽度尺寸和立面图中窗的高度尺寸，绘制窗洞辅助线如图 8.6(a) 所示。用矩形命令绘制窗外轮廓，向内偏移 40 完成窗内侧轮廓线。在窗户宽度的中点绘制一直线，完成窗户的分割，如图 8.6(b) 所示。

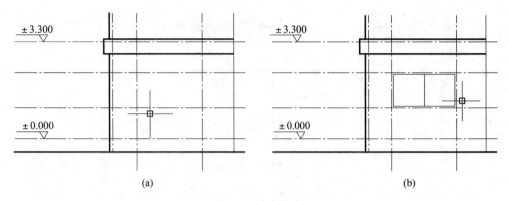

图 8.6 绘制底层最左侧窗

删除辅助线,将此窗矩形阵列,参数设置为 4 行 1 列,行间距就是层高 3 300,列间距为 0,然后将窗镜像到右侧,如图 8.7 所示。

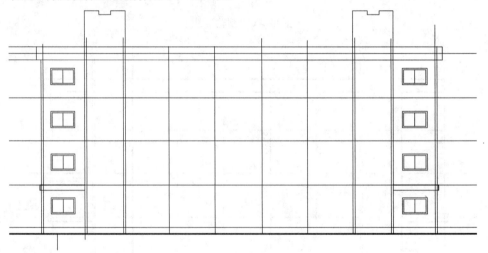

图 8.7 阵列后的窗

第 2 步:绘制左侧楼梯间底层圆窗。首先偏移轴线绘制窗洞辅助线,如图 8.8(a)所示,然后用矩形命令绘制窗外轮廓,向内偏移 40 完成窗内侧轮廓线。在窗户宽度中点绘制一直线,完成窗户的分割。以该直线中点 A 为圆心,AB 长度为半径做圆,如图 8.8(b)所示。

接着删除辅助线,将此窗矩形阵列,参数设置为 5 行 1 列,行间距就是层高 3 300,列间距为 0,然后将窗镜像到右侧,如图 8.9 所示。

第 3 步:绘制二层左边第一间阳台,首先偏移轴线绘制窗洞辅助线,如图 8.10(a)所示,然后用矩形、修剪等命令绘制窗和扶手等(提示、具体参考上一步骤,注意及时将辅助线换到窗层),如图 8.10(b)所示。以扶手中点 A 为圆心,绘制半径为 880 的圆,修剪成半圆。

最后绘制水平栏杆,细部尺寸自行估计,如图 8.10(c)所示。

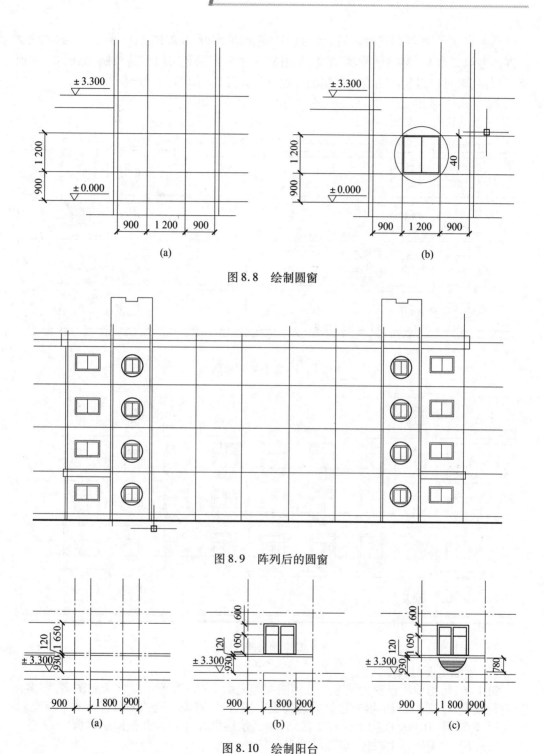

图 8.8 绘制圆窗

图 8.9 阵列后的圆窗

图 8.10 绘制阳台

接着将此窗进行矩形阵列,阵列前如图 8.11 所示,参数设置为 3 行 5 列,行间距就是层高 3 300,列间距为开间尺寸 3 600,并修剪多余线段,如图 8.12 所示。(图 8.11 中圆圈部位线段,在阵列后再修剪。)

第4步:绘制底层门连窗。首先绘制底层左侧单窗,尺寸如图8.13所示。(具体绘制步骤参考第2步)。然后删除辅助线,并用复制命令完成底层门连窗绘制,如图8.14所示。(复制时可以以竖向轴线为复制的基点来保证复制的间距等于开间尺寸)。

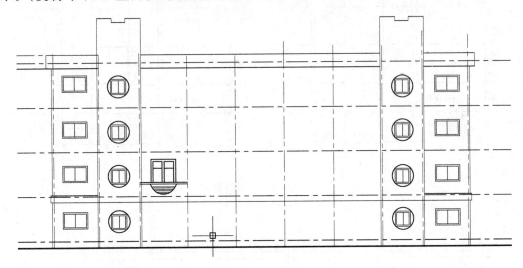

图 8.11　阳台阵列前图

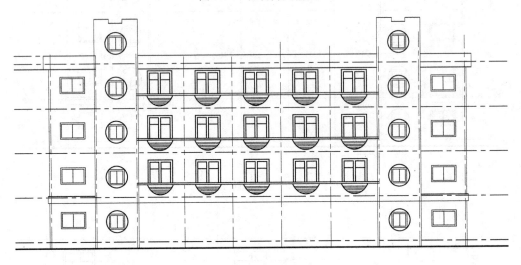

图 8.12　阳台阵列后图

(2)绘制里面材料及其他。

第1步:将当前层设置为填充层。用图案填充命令(h)按图示要求填充图案,图案比例自行调整。(提示:为了填充边界的选择更方便,可以将轴线层关闭后进行图案填充)。

第2步:将±0.000线向下偏移2根踏步线,偏移距离为150,并按图示修剪。

第3步:绘制屋顶上栏杆,细部尺寸自行估计。

第4步:用多段线修改命令(pe),将轮廓线加粗,线宽度为50,接着用多段线命令(pl)将地坪线加粗,线宽度为100。

3. 标注尺寸、文字和标高

(1)标注尺寸。

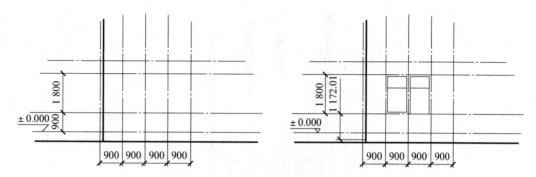

图 8.13　绘制门连窗

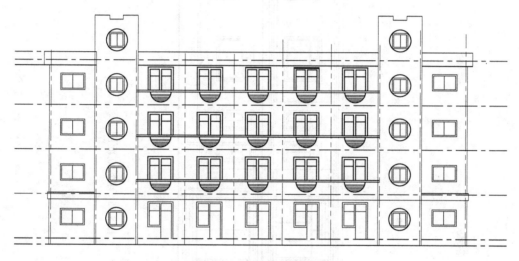

图 8.14　门连窗阵列后图

①设置标注样式；

②按图纸要求进行尺寸标注。

（2）文字标注。

①设置文字样式；

②输入文字；

③改变文字高度；

④标注标高、绘制轴线及其他符号。

习　题

1. 建筑立面图包括哪些内容？

2. 建筑立面图的命名方式有哪些？

3. 简述建筑立面图的绘制步骤。

4. 立面图中的高度用什么符号表示？

5. 绘制如图 8.15 所示的建筑立面图。

6. 绘制如图 8.16 所示的别墅立面图。

7. 绘制如图 8.17 所示的建筑立面图。

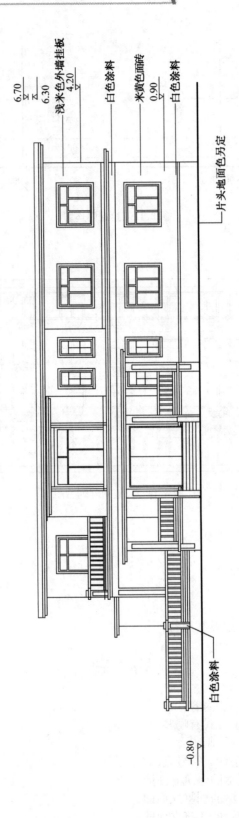

图8.15 建筑立面图

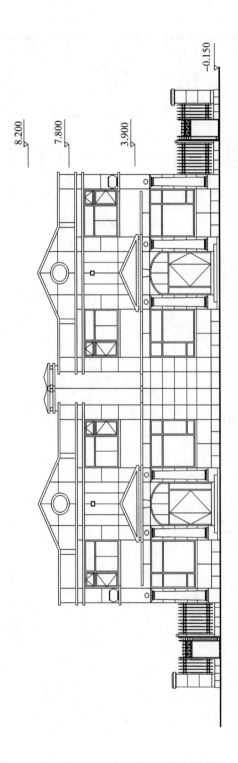

8.200

7.800

3.900

−0.150

图8.16　别墅立面图

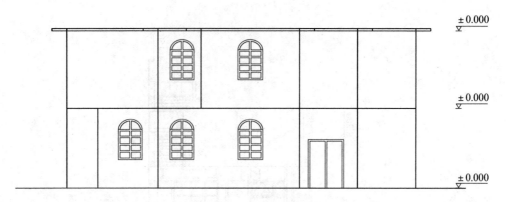

±0.000

±0.000

±0.000

图 8.17　建筑立面图

第 9 章

桥梁绘图实例

【内容提要】本章以某实际桥梁工程为例,主要介绍桥梁工程图的图纸组成及其绘制方法。

【学习目标】掌握桥梁工程图的图纸组成,熟练绘制桥梁工程图。

9.1 桥梁工程图的图纸组成

建造一座桥梁需要设计绘制很多图纸,一套完整的桥梁工程图包括桥位平面图、桥位地质断面图、桥梁总体布置图和构件图。

1. 桥位平面图

桥位平面图表示的主要内容有:桥梁与路线连接的平面位置,桥位中心里程桩,水准点,工程钻孔,以及桥梁附近的地形、地物等,作为桥梁设计和施工定位的依据。绘制桥位平面图时,一般常采用的比例为 1:500、1:1 000、1:2 000 等。有时,也可以用一段路线平面图代替桥位平面图,但在路线平面图上需标注出桥的名称。

图 9.1 所示为某桥的桥位平面图,除了表示路线平面形状、地形和地物外,还表明了钻孔、里程、水准点的位置和数据。

2. 桥位地质断面图

桥位地质断面图表示的主要内容有:河床断面线(用粗实线绘制)、最高水位、常水位、最低水位,钻孔的位置、间距、孔口标高和钻孔深度,土壤的分层(用细实线绘制)、标高和各层的物理力学性质等。有时为了突出显示地质和河床深度变化情况,特意将纵向比例比横向比例放大数倍画出。纵向比例采用 1:200,横向比例采用 1:500。桥位地质断面图主要用作设计桥梁、桥墩、桥台和计算土石方工程量的依据。

3. 桥梁总体布置图

桥梁总体布置图由立面图、平面图和横剖视图三部分组成,表达的主要内容有桥梁的形式、孔数、跨度、桥长、桥高、各部位标高、各主要构件的相互位置关系、桥面和桥头引道的坡度、桥宽、桥跨横截面布置、桥梁线形及其与公路的衔接、桥梁与河流或与桥下路线的相交状况以及技术说明等。它是施工时确定墩台位置、构件安装和标高控制的依据。

图 9.2 所示为某桥梁总体布置图,该桥中心位于 K208+790.000 处,是五孔预应力混

凝土空心板桥梁,总长为 105.04 m,总宽为 12 m,下部为柱式桥台,柱式墩,钻孔灌注桩基础。且该图还表示出了桥位附近的地质情况。

4. 构件图

组成桥梁的各个构件,在桥梁总体布置图中是无法详细表达清楚的,因此,单凭总体布置图无法进行施工。为了满足施工和工程监理的需要,还必须根据总体布置图采用较大的比例,绘制能完整清晰表达各个构件的形状、大小以及钢筋布置情况的构件图,称为构件结构图或构件构造图;而仅画构件形状、大小,不画钢筋的构件图称为构件的一般构造图。构件图的常用比例为 1∶10~1∶50。若构件的某些局部在构件图中仍不能清晰完整地表达时,可采用更大的比例,如采用 1∶3~1∶10,画出局部放大图,这种图样称为大样图或详图。

图 9.3、9.4 所示分别为边板、中板一般构造图,由图可以看出该板跨度为 20 m,两边留有接头缝,所以实际跨度为 19.98 m,中板理论宽度为 1.25 m,但板的横向也留有 1 cm 的缝,所以中板实际宽度为 1.24 m。图 9.5、9.6 所示分别为边跨、中跨预应力钢束布置图,图中共有两种预应力钢束。图 9.7 所示为桥台构造图。图 9.8 所示为桥墩构造图。

9.2 绘制桥梁工程图

桥梁工程的设计图纸包括总体布置图、上下部结构一般构造图、钢筋图及其他通用图纸,每种桥形仅上部结构一般构造及钢筋图就几十张,图纸的数量相当大,而且每张图中的线条多、线形复杂、各种标注繁多,如何将设计图的有关设计信息准确、简洁、快速地反映在图纸上,是桥梁工程计算机绘图的关键所在。

1. 绘图前的准备工作

在 AutoCAD 软件中,每个图形都是在一定的工作环境下绘制的。所谓工作环境包括工作区的大小、文字类型、尺寸标注、线型比例、系统变量等。

(1)绘图范围的设置。

首先根据所绘图形的大小及图形的复杂程度选定图纸号,进而确定图形的工作区大小。目前公路工程图纸大多数使用 A3 幅面图纸出图,图纸大小是 420 mm×297 mm,绘图区范围是 380 mm×277 mm。在 AutoCAD 中绘图和在图纸上绘图的一个最大区别就是,在图纸上绘制 1∶100 的图形,是将实物缩小到 1% 画在图纸上。而在 AutoCAD 中是以所见即所得为原则,按 1∶1 来绘制图形,这样在绘制图形时无需比例变换,非常方便直观。这就要求将图纸范围扩大 100 倍,出图的时候直接缩小到 1% 打印即可。

如果要绘制一幅上部结构为 5 孔 20 m 预应力混凝土空心板桥的总体布置图,假设桥宽为 25 m,应该选用的绘图比例可以按如下方法计算:(4×20 000+25 000+2×1 000=329,取最接近的较大百倍数 400,选定的绘图比例大致是 1∶400,绘图区的工作范围应该是 (380×400) mm×(277×400) mm。式中 25 000 是桥梁宽度,1 000 是两岸桥台的预估长度。如果选取的绘图比例太大,如 1∶200,则需要两幅图拼接成一幅图。如果选取的比例太小,如 1∶500,则有效绘图范围太小。

(2)建立图形样板。

　　一幅桥梁工程图中包含多种线型、多种字体、不同的图层。不同的图纸绘图比例也不一定相同。在正式绘图之前可以建立一个图形样板,每次绘图只要调用这个样板,就相当于给定了字体、线型、图层等设置,节省绘图前的准备工作时间。具体步骤如下:

　　①新建立一个图形文件,用 limits 命令设置绘图范围;

　　②用 layer 命令设置不同的图层;

　　③用 style 命令设置不同的字型和字体;

　　④用 linetype 命令设置不同的线形;

　　⑤用 um 命令绘制图框;

　　⑥用 dtext 命令输入图框中的共用文字,如设计单位、工程名称等;

　　⑦将上述设置保存在某个图形样板中。

　　(3)确定文本大小。

　　当用户确定了图形的比例以后,如果要将所绘的图形输出,则其上的各种图形元素,包括文字、数字、字符等均会以所确定的比例输出。因此,如果用户在图中用 style 命令设置的字体大小不合适的话,就会造成图纸上的文字太大或太小,影响图纸的美观,不利于观看。当用户确定了文本在图纸上的尺寸大小后,只要用文本大小乘以绘图比例,所得数字即为用 style 命令设置的字体大小。如用户想使某一文本在图形中以 5 mm 的高度出现,而用户使用的绘图比例为 1∶50,那么绘图时采用的文本高度必须是 250 mm。不同的图纸绘图比例可能是不一样的,即使是同一张图纸,也有几种不同的字体大小,用户可以根据上面的方法分别用 style 命令设置所需要的字体大小。

　　在绘图比例为 1∶1 的 A3 幅面的桥梁工程图纸中,图例部分文字如设计单位、工程名称、图纸名称、"设计"、"复核"、"审核"、"图号"、"时间"等文字字高一般为 5 mm,图名、表名等文字字高一般为 4 mm,图形中的文字标注或说明字高一般为 3 mm,表格中的文字、数字、字符等字高一般为 3 mm,尺寸标注中的文本高度一般为 2 mm。

2. 绘图提示

　　在使用 AutoCAD 软件进行桥梁工程计算机绘图时,应充分利用软件所具有的各种功能,高效、快速地将构思好的图形绘制在图纸的不同位置上。

　　(1)使用绘图命令组绘制图形。

　　AutoCAD 软件为用户提供了非常丰富的绘图命令,如点命令 point、直线命令 line、圆弧命令 arc、圆命令 circle、圆环命令 donut、填充命令 solid、多段线命令 pline、剖面线命令 hatch 等,通过这些基本的绘图命令绘制图形。

　　(2)用图形编辑命令绘制图形。

　　AutoCAD 软件为用户提供了非常丰富的绘图编辑命令,如复制命令 copy、移动命令 move、阵列命令 array、镜像命令 mirror 等,熟练掌握这些图形编辑命令,在已经绘制的基本图形的基础上,通过对图形进行复制、阵列、镜像等操作,就可以完成一幅复杂图形的绘制,达到事半功倍的效果。

　　(3)使用图块命令组绘制图形。

　　在所绘制的图形中,有一些图形是可以利用的或部分可以利用,用户可以将这些可以利用的图形用图块命令(block)做成图块,然后利用插入命令(insert)将其插入进来进行适当的修改即可。图形中还有很多图形和符号是固定不变的,如剖面符号Ⅰ—Ⅰ、高程符号、钢筋直径符号、大多数附注说明内容、图框等,用户可以预先将这些图形符号做成固块的形式,保存在系统可以搜寻的目录中,每次用 insert 命令插入进来。

(4)利用图层(Layer)的功能

在一幅大型的工程图形中,对不同属性的局部结构、符号、图形、线条最好采用不同的图层和不同的颜色进行绘制。例如在桥梁总体布置图中,桥台用 1 层,桥墩用 2 层,地面地质情况用 3 层,文字标注用 4 层,尺寸标注用 5 层。不同的层用不同的颜色。这样做的目的是便于以后的编辑和修改。

3. 具体绘制过程

桥梁工程图的绘制步骤大同小异,下面以图 9.2 桥型总体布置图为例说明绘图的方法和步骤。

桥梁总体布置图包括立面图、平面图、横剖面图和路基设计表四部分。其中立面图主要包括桥台、桥墩、桩基础、盖梁、主梁、护栏、桥面铺装、地面线等内容;平面图包括桥面系、盖梁、支座、桥台、桥墩等。横断面图主要反映桥梁上部结构形式,及桥台、桥墩的总体尺寸及构造形式。路基设计表表示桥墩、桥台的桩号及各桩号处的设计高程、个测点的地面高程及各跨的纵坡。立面图正常绘制;平面图一半画外形、一半画剖面;横剖面图由一个全剖面图,一个半剖面图组成。另外该图还表示出了桥位的地质情况。全图按 1∶1 比例绘制。

具体绘图步骤如下:

(1)利用 line 命令,绘制桥台、桥墩中心线及桥面线,作为绘图的基线,如图 9.9所示。

(2)绘制构件的主要轮廓线,以基线为量度的起点,根据标高及各构件结构图的尺寸绘制主要轮廓线,由于图形对称,可先绘出一半,然后利用镜像命令完成另一半的绘制,如图 9.10 所示。

(3)画各构件的细部,注意各图对应线条要对齐,并把剖面、栏杆、坡度符号线的位置画出来,另外,在桥梁工程图中,一般把土体当作透明的,被其遮挡部分直接用虚线画出。绘制边板、中板时,可将边板、中板定义成块,对于边板可以用镜像命令复制,对于中板可以用复制或阵列命令复制,这样可以提高绘图速度。

(4)利用 line 命令绘制路基设计表,其中文字及数字用 mtext 命令输入即可,注意对齐。

(5)标注,可直接利用事先设置好的"标注样式"进行标注,在标注时注意使用"连续标注"、"基线标注"、"标注更新"和"编辑标注文字"等命令。标注高程时只需绘制一个,然后用 copy 命令复制创建,再用 ddedit 命令修改文字内容即可。

(6)文字输入,选择事先设置好的"文字样式"进行书写。

习　题

1. 一般桥梁工程图由几部分组成? 各部分主要表达的内容是什么?
2. 绘制桥梁工程图时,预先应做哪些准备工作?
3. 绘制桥梁工程图时,哪些方法可以提高绘图效率?

图9.9　绘制桥台、桥墩中心线及桥面线，作为绘图的基线

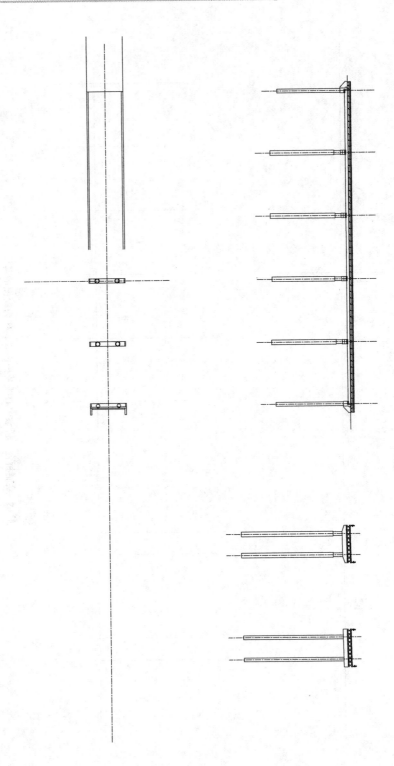

图9.10 绘制构件的主要轮廓线

第 **10** 章

道路绘图实例

【内容提要】本章主要介绍 AutoCAD 绘制道路工程图的一般原则、一般流程,路线平面图、纵断面图和横断面图的绘制方法,排水防护工程图及路线平面交叉图的绘制方法。

【学习目标】了解 AutoCAD 绘图的一般流程,重点掌握路线平面图、纵断面图和横断面图的绘制方法。

10.1　AutoCAD 绘制道路工程图的一般流程

10.1.1　AutoCAD 绘图的一般原则

为了使用 AutoCAD 软件准确、高效地绘制工程图,并且保证绘制的工程图能科学地指导工程实践,绘图时应该遵循一定的原则:

(1)先设置绘图界限、图纸边界、图层后再进行图形的绘制。

(2)根据不同的图形类型,采用不同的比例尺绘制。如路线平面图的比例尺为 1 ∶ 2 000;纵断面图的比例尺水平方向为 1 ∶ 2 000,竖直方向为 1 ∶ 200;横断面图的比例尺为 1 ∶ 200 等。

(3)绘图前,定义好尺寸标注、文字标注等的格式,以保持图样上的文字格式前后一致,避免大量的修改工作。

(4)绘图时注意命令行的提示信息,避免误操作。

(5)常用的设置(如图层、文字样式、尺寸标注等)可以保存成样板图形,绘图时直接利用样板图形可以节省大量的重复绘制工作。

10.1.2　AutoCAD 绘图的一般流程

建设工程中的工程图种类多样,内容复杂,并且每个人的绘图习惯不同,使用 AutoCAD 的方式方法也就因人而异。但是尽管如此,绘图的大致程序还是相似的,使用 AutoCAD 绘图的一般流程如下。

1.设置绘制图形的环境

主要包括绘图界限、图纸边界、图层(包括颜色、线型、线宽)、文字样式(字体、字号)、尺寸标注样式等的设定。对于同一类型数量较多的工程图,可在设定完成后保存成样板,以方便绘制后面的图形时调用。

2. 绘制图形对象

绘制工程图时,一般先绘制辅助线(中心线、轴线等),用来确定图形的基准位置,辅助线可设置在单独的图层中。绘制图形时,应根据对象的类别和性质的不同设置不同的图层,便于后续对图形进行的编辑、输出等工作,充分利用 AutoCAD 的绘图命令、编辑命令、对象捕捉、追踪等工具精确地绘图。

3. 尺寸标注

根据国家颁布的道路工程制图标准(GB 50162—1992)的要求,对工程图形的各部位进行尺寸标注,并添加必要的文字说明。

4. 修整图形对象

图形对象初步绘制完成后,要对其进行必要的修整,包括删除图形中多余的线条、调整图形布局等。要充分认识到这个过程的重要性,可以在修整的过程中及时地发现问题,并进行修改补充。

5. 保存、输出图形

将检查无误的工程图保存备份起来,待需要时打印输出。

10.2　道路路线图

道路路线设计图中主要包括路线平面图、纵断面图和横断面图,现就三种设计图分别介绍其绘制方法。

10.2.1　路线平面图的绘制

路线平面图由地形图、线位图和平面线形等部分组成。道路的平面线形由直线和曲线构成,其曲线的形式一般可分为圆曲线、缓和曲线、回头曲线、单曲线、复曲线等,统称为平曲线。平曲线中最常采用的形式是圆曲线和缓和曲线,下面分别对它们的绘制方法进行介绍。

1. 圆曲线

圆曲线是平面线形中比较常用且较易绘制的线形,根据已知的曲线要素,有多种绘制方法。其中较方便快捷的是 ttr 绘制法,即"相切、相切、半径"绘制法。其具体做法是先根据路线导线的交点坐标绘制路线导线,然后根据各交点的圆曲线半径作与两条导线相切的圆,裁剪掉多余的圆曲线,从而得到圆曲线和路线设计线。

如图 10.1 所示,已知路线导线上的两个交点 JD_1、JD_2 和路线的起点、终点坐标如下,且两交点处的圆曲线半径分别为 $R_1 = 250$,$R_2 = 300$:

$JD_0 : X = 201.523\ 2, Y = 137.934\ 1$

$JD_1 : X = 374.728\ 3, Y = 237.934\ 1, \alpha_1 = 40°, JD_0 \sim JD_1 = 200$

$JD_2 : X = 620.930\ 3, Y = 194.522\ 1, \alpha_1 = 30°, JD_1 \sim JD_2 = 250$

$JD_3 : X = 761.884\ 2, Y = 245.825\ 1, JD_2 \sim JD_3 = 150$

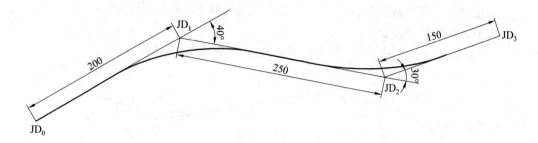

图 10.1　圆曲线的绘制

绘制方法如下：

（1）用多段线命令绘制 $JD_0 \sim JD_3$ 路线导线，结果如图 10.2 所示。

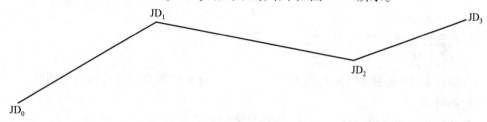

图 10.2　绘制路线导线

命令：pline ✓

指定起点：201.523 2,137.934 1

当前线宽为 0.000 0

指定下一个点或［圆弧（A）/半宽（H）/长度（L）/放弃（U）/宽度（W）］：
374.728 3,237.934 1

指定下一点或［圆弧（A）/闭合（C）/半宽（H）/长度（L）/放弃（U）/宽度（W）］：
620.930 3,194.522 1

指定下一点或［圆弧（A）/闭合（C）/半宽（H）/长度（L）/放弃（U）/宽度（W）］：
761.884 2,245.825 1

指定下一点或［圆弧（A）/闭合（C）/半宽（H）/长度（L）/放弃（U）/宽度（W）］：✓

（2）用作圆命令绘制 JD_1 处的圆曲线。

命令：circle ✓

指定圆的圆心或［三点（3P）/两点（2P）/相切、相切、半径（T）］：t ✓

指定对象与圆的第一个切点：✓　　鼠标左键点取 $JD_0 \sim JD_1$ 导线

指定对象与圆的第二个切点：✓　　鼠标左键点取 $JD_1 \sim JD_2$ 导线

指定圆的半径：250 ✓

（3）用同样的方法绘制 JD_2 处的圆曲线。

命令：✓　　　　　　　　　　　　　　重复 CIRCLE 命令

指定圆的圆心或［三点（3P）/两点（2P）/相切、相切、半径（T）］：t ✓

指定对象与圆的第一个切点：　　　鼠标左键点取 $JD_1 \sim JD_2$ 导线 ✓

指定对象与圆的第二个切点：　　　　鼠标左键点取 $JD_2 \sim JD_3$ 导线↙

指定圆的半径：300 ↙

（4）用修剪命令将圆曲线上多余的部分剪掉，结果如图 10.3 所示。

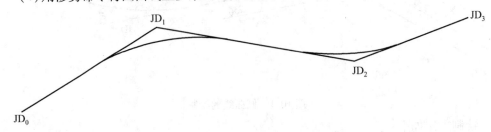

图 10.3　绘制导线间的圆曲线

命令：trim ↙

当前设置：投影＝UCS，边＝无

选择剪切边…

选择对象或〈全部选择〉：找到 1 个　　　　鼠标左键点取导线作为剪切线

选择对象：↙

选择要修剪的对象，或按住 Shift 键选择要延伸的对象，或

［栏选（F）/窗交（C）/投影（P）/边（E）/删除（R）/放弃（U）］：

　　　　　　　　　　　　　　　鼠标左键点取第一个圆的下部圆周

选择要修剪的对象，或按住 Shift 键选择要延伸的对象，或

［栏选（F）/窗交（C）/投影（P）/边（E）/删除（R）/放弃（U）］：

　　　　　　　　　　　　　　　鼠标左键点取第二个圆的上部圆周

选择要修剪的对象，或按住 Shift 键选择要延伸的对象，或

［栏选（F）/窗交（C）/投影（P）/边（E）/删除（R）/放弃（U）］：↙

2. 缓和曲线

AutoCAD 中不能直接绘制缓和曲线，可以采用样条曲线命令，绘制通过 ZH、HY、QZ、YH、HZ 五点且与路线导线相切的平曲线，这样得到的样条曲线较接近于公路平曲线的形状。在常用比例尺的情况下，肉眼分辨不出二者在图纸上的区别，因而可用其替代缓和曲线。

如图 10.4 所示的平曲线，已知缓和曲线长 $LS=53$，切线长 $T=81.31$，外距 $E=8.0$，偏角为左偏 $30°47'28''$，圆曲线半径 $R=198.51$，圆曲线长 $LY=53.68$，平曲线总长 $L=159.68$。

已知路线导线上的 1、2、3 各点的坐标如下：

1 点：$X=213.774\,8$，$Y=92.111\,7$

2 点：$X=313.774\,8$，$Y=92.111\,7$

3 点：$X=399.678\,7$，$Y=143.302\,6$

绘制方法如下：

（1）用多段线命令绘制 1 ～ 3 路线导线，结果如图 10.5 所示。

（2）通过计算，缓和曲线的五个主点的坐标分别为：

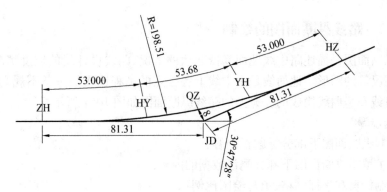

图 10.4　缓和曲线的绘制

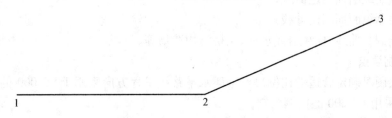

图 10.5　绘制路线导线

ZH(232.455 4,92.111 7)、HY(285.365 5,94.466 2)、QZ(311.728 3,99.654 8)、YH(336.972 5,108.678 2)、HZ(383.628 7,133.738 9)。

(3)用样条曲线命令绘制通过五个主点含缓和曲线的平曲线,结果如图 10.6 所示。

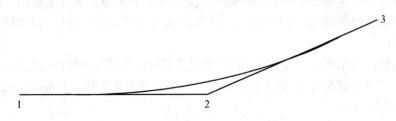

图 10.6　绘制通过五个主点的平曲线

命令:spline ↙

指定第一个点或[对象(O)]:232.455 4,92.111 7 ↙

指定下一点:285.365 5,94.466 2 ↙

指定下一点或[闭合(C)/拟合公差(F)]〈起点切向〉:311.728 3,99.654 8 ↙

指定下一点或[闭合(C)/拟合公差(F)]〈起点切向〉:336.972 5,108.678 2 ↙

指定下一点或[闭合(C)/拟合公差(F)]〈起点切向〉:383.628 7,133.738 9 ↙

指定下一点或[闭合(C)/拟合公差(F)]〈起点切向〉:↙

指定起点切向:232.455 4,92.111 7 ↙

指定端点切向:383.628 7,133.738 9 ↙

(4)对五个主点进行文字和尺寸标注。

10.2.2　路线纵断面图的绘制

路线纵断面图是描述路中线地面高低起伏的情况、路线设计线的坡度情况及沿线构造物设置情况等的图形。地面线是由中线上各桩点的高程连成的一条不规则的折线,设计线是由直线和竖曲线构成的。典型的路线纵断面图如图 10.7 所示。

1. 绘制步骤

(1)绘制纵断面图下部分标题栏内容;

(2)逐桩填写纵断面图下部分测设数据的内容;

(3)绘制标尺和坐标网格,填写绘图比例;

(4)绘制纵断面图地面线;

(5)绘制纵断面图设计线;

(6)绘制竖曲线,标注沿线水准点、桥涵构造物等。

2. 绘制要点

(1)绘图时确定合适的比例尺。一般水平路线里程方向采用 1∶2 000 的比例,竖直高程方向采用 1∶200 的比例为宜;

(2)填写纵断面图下部标题栏内的测设数据内容时,可以先填写一行,采用复制或阵列的方法得到其余行内容,再采用 ddedit 命令逐个编辑修改,这样可以保证所有的数据文字格式统一;

(3)绘制纵断面图下部分标题栏时,要注意各栏高度以适应该栏所填写的内容为准;

(4)标尺可采用多段线命令先绘制两节,然后用阵列或复制的方法制作其余部分;

(5)竖曲线绘制采用三点圆弧法,三点依次为竖曲线起点、变坡点位置设计高程处、竖曲线终点;

(6)标注沿线水准点、桥涵构造物时,要注意其标注位置与桩号严格对应;

(7)标注各种涵洞时,最好先绘制好标准符号并定义为图块,再利用图块插入命令绘制,可提高绘图效率。

10.2.3　路线横断面图的绘制

道路的横断面是由横断面设计线和地面线所构成的,通过阅读横断面图,可以了解到道路的土石方工程量、路面结构情况等内容。

1. 路基横断面设计图

路基横断面设计图通常包括行车道、路肩、分隔带、边沟、边坡、截水沟以及护坡道等设施,典型的路基标准横断面图如图 10.8 所示。

绘制步骤:

(1)确定公路中桩的位置,用直线或多段线命令绘制横断面的中心轴线,线型选择为点画线。

(2)用多段线命令绘制地面线及地面线表示符号。

(3)根据路基的填挖高度、左右宽度、路拱横坡度等值绘制路基横断面上部的行车道、路肩、分隔带、边沟以及护坡道等各种设施。

2. 路面结构图

公路设计所用的路面主要有两类：一类是水泥混凝土路面，另一类是沥青类路面。下面以水泥混凝土路面施工缝构造图和沥青路面结构图为例说明路面结构设计图的绘制方法。

（1）水泥混凝土路面施工缝构造图。

图 10.9 为某公路的水泥混凝土路面纵向施工缝构造图。其绘制方法如下：

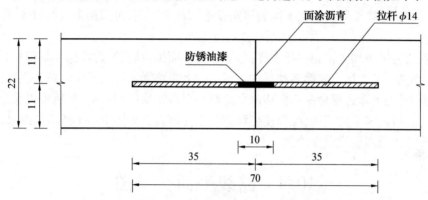

图 10.9　水泥混凝土路面纵向施工缝构造图

①用多段线命令和偏移命令绘制水泥混凝土路面的上下界线及施工缝。

②在施工缝的中点处（利用对象捕捉），用多段线命令或矩形命令绘制纵向施工缝部位设置的拉杆及涂油漆部位，并选择图案填充。

③用直线和修剪命令先绘制出一侧的折断线，用复制命令绘制另一侧的折断线。

④进行尺寸标注和文字标注。

（2）沥青路面结构图。

图 10.10 为沥青路面结构图，其绘制方法如下：

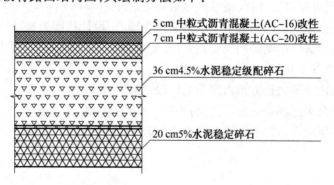

图 10.10　沥青路面结构图

①用多段线命令和偏移命令（根据各层不同的厚度进行偏移）绘制沥青路面的各层结构分界线。

②用直线和修剪命令先绘制出一侧的折断线，用复制命令绘制另一侧的折断线。

③用图案填充命令选择合适的图案进行填充。

④进行文字标注。

10.3　排水及防护工程图

道路排水系统包括地面排水系统和地下排水系统,前者包括边沟、排水沟、截水沟、跌水和急流槽等,后者包括盲沟、渗沟和渗水井等。排水设计工程图主要表述了排水设施的具体构造和技术要求等。根据不同的排水设施构造的不同,可采用多段线命令、作圆命令等绘制。

路基的防护与加固设施多种多样,包括边坡坡面植草防护、边坡铺砌浆砌片石或混凝土预制块防护、设置挡土墙等多种形式。图 10.11 为路堤边坡六棱块防护工程设计图,其绘制方法为:先用多边形命令和偏移命令绘制一个六棱块的两层边,然后用镜像命令或阵列命令复制得到多个六棱块,配合使用移动命令即可得到如图 10.11 所示的结果,图中的浆砌片石可采用多段线命令绘制。

10.4　路线平面交叉图

道路交叉根据其空间位置可分为平面交叉和立体交叉两种类型,平面交叉是道路设计中较常见的形式。根据平面交叉口在平面上的几何形状不同,平面交叉又可分为"十"字形、"T"字形、"X"形、"Y"形等多种形式。

如图 10.12 为加铺转角式十字交叉平面图。

绘制方法为:

(1)选择点画线线型,用直线命令绘制十字中心线(选择正交模式)。

(2)用偏移命令将十字中心线分别向上、下、左、右四个方向偏移(偏移距离为道路宽度的一半),得到道路边线,将线型修改为粗实线,如图 10.13 所示。

(3)用作圆命令绘制以路线中心线的交点为圆心,设计长度为半径的圆。

(4)用多边形命令绘制圆的外切正方形,使正方形的中心位于路线中心线的交点处,四个角在路线中心线上。

(5)用修剪命令剪去正方形内多余的线段,如图 10.14 所示。

(6)用圆角命令选择合适的半径,将相邻道路连接圆滑。

(7)用图案填充命令将加铺部分路面填充起来。

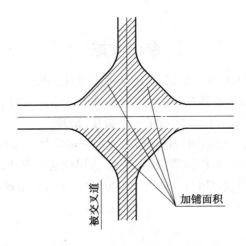

图 10.12　加铺转角式十字交叉平面图

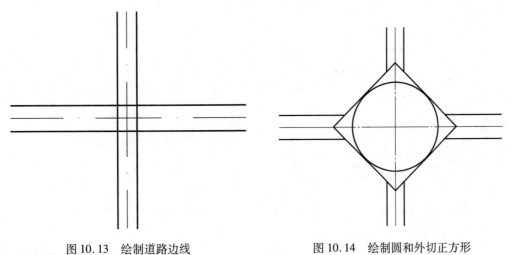

图 10.13　绘制道路边线　　　　　　　图 10.14　绘制圆和外切正方形

习　题

1. AutoCAD 绘图应遵循哪些原则?

2. 使用 AutoCAD 绘图的一般流程是什么?

3. 已知路线导线上的两个交点 JD_1、JD_2 和路线的起点、终点坐标分别为:起点 (285.452 8, 152.341 5)、JD_1(425.256 3, 274.238 7)、JD_2(725.546 2, 216.354 7)、终点 (882.625 7, 287.165 3),且两交点处的圆曲线半径均为 $R=250$,试绘制此圆曲线。

参考文献

［1］苏建林.公路工程 CAD［M］.北京:人民交通出版社,2011.

［2］程绪琦.AutoCAD 2008 标准教程［M］.北京:电子工业出版社,2007.

［3］巩宁平.建筑 CAD［M］.北京:机械工业出版社,2008.

［4］林国华.画法几何与土建制图［M］.北京:人民交通出版社,2007.

［5］张立明.AutoCAD 2010 道桥制图［M］.北京:人民交通出版社,2010.

［6］国家标准化管理委员会.GB/T 18229—2000 CAD 工程制图规则［S］.北京:中国标准
出版社,2000.